Die Satzrädersysteme der Evolventenverzahnung

Grundlagen und Anleitung zu ihrer Berechnung

von

Dr.-Ing. Paul Krüger

Mit 30 Abbildungen

Berlin

Verlag von Julius Springer

1926

ISBN-13: 978-3-642-89995-9   e-ISBN-13: 978-3-642-91852-0
DOI: 10.1007/978-3-642-91852-0

Vorwort.

Der Zahnräderbau hat in den letzten Jahren erhebliche Fortschritte in der Herstellung genauer und haltbarer Evolventenzähne zu verzeichnen. Dagegen ist die Gestaltung der Evolventenverzahnungen nicht wesentlich weiter entwickelt worden. Es werden noch immer die auf Willis und Reuleaux zurückzuführenden, schon vor mehr als einem halben Jahrhundert bekannten Teilkreisverzahnungsregeln benutzt. Ihr Vorzug liegt darin, daß sie sehr einfach sind und auch theoretisch und praktisch einwandfreie Satzrädersysteme für Räder innerhalb der Zähnezahlen von dreißig bis unendlich ergeben. Es fehlte zwar keineswegs an Versuchen, neue Verzahnungsmethoden ausfindig zu machen, als sich die Getriebetechnik genötigt sah, Räder mit weniger als dreißig Zähnen zu verwenden. Aber nicht eine dieser Methoden hat die gebräuchliche Verzahnungsweise verdrängen können, da sie sich nur auf bestimmte Zähnezahlen und Übersetzungsverhältnisse erstreckten. In abweichenden Fällen ist der Konstrukteur gezwungen, von neuem die Verzahnung von Rad und Gegenrad zu untersuchen, um vor unliebsamen Überraschungen sicher zu sein. Alle bekannt gewordenen Regeln zur Erlangung „korrigierter" Verzahnungen erfüllen insbesondere nicht diejenige Bedingung, die den technischen und wirtschaftlichen Vorteil der Teilkreisverzahnung begründet hat, nämlich die Bedingung der Satzrädereigenschaft.

Dabei gibt es sehr viele praktisch brauchbare Evolventensatzrädersysteme, worin auch Satzräder mit sehr kleinen Zähnezahlen enthalten sind. Die vorliegende Arbeit zeigt, wie sie ermittelt werden können. Der Verfasser hat sich bemüht, das Wesen dieser Evolventensatzrädersysteme so anschaulich und voraussetzungslos wie möglich zu entwickeln, und ist überzeugt, daß sich auch der Fachgenosse die gewählte, vom Hergebrachten abweichende Betrachtungsweise gern zu eigen machen wird, da sie ihn vom Gebrauch unübersichtlicher Formeln befreit und vor planlosem Herumprobieren bewahrt.

Essen, im April 1926. **Dr.-Ing. Paul Krüger.**

Inhaltsverzeichnis.

Inhaltsverzeichnis. V

Einleitung.

In den im letzten halben Jahrhundert erschienenen Schriften über Verzahnungen und Zahnräder werden hauptsächlich zwei sich für Satzräder eignende Verzahnungen nebeneinander ausführlicher behandelt, nämlich solche mit Zykloiden- und solche mit Evolventenflanken.

Die Zykloidenverzahnungen verloren an Bedeutung, als es darauf ankam, Zahnräder der größern Genauigkeit halber mit geschnittnen Zähnen an Stelle der gegossenen herzustellen. Etwa um die Jahrhundertwende erlangte die Evolventenverzahnung nach dem Teilkreissystem die Vorherrschaft. Dementsprechend wurde sie auch der Gegenstand mehrerer Untersuchungen, die sich auf Teilungsfehler sowie auf Abnutzungs- und Reibungsverhältnisse erstreckten. Mit der fortschreitenden Technik fielen auch die Mängel dieser Satzräderverzahnungen mehr ins Gewicht. Sie stellen sich ein, sobald Räder mit kleinen Zähnezahlen in Getrieben mit großen Übersetzungsverhältnissen verwendet werden sollen. Manche Abänderungsvorschläge wurden bekannt und als Verbesserung empfohlen, ohne daß bisher eine völlig befriedigende, einfache Lösung gefunden ist.

Einen neuen Weg, den Nachteilen der Teilkreisverzahnung zu entgehen, gab P. Hoppe an, indem er eine Grundkreisverzahnung vorschlug. Die grundlegenden Betrachtungen Hoppes über Unterschnitt und Eingriffsdauer sind zu Richtlinien für den Entwurf von Verzahnungen geworden. Leider ist die Hoppesche Abhandlung nicht vollständig erschienen, und aus dem Veröffentlichten geht nicht hervor, inwieweit in den Grundkreisverzahnungen Satzrädersysteme enthalten sind.

Das Ziel der vorliegenden Arbeit ist es, zu ergründen, in welchem Umfange sich Evolventenverzahnungen überhaupt für Satzrädersysteme eignen. Hierzu werden die für das Zusammenarbeiten erforderlichen Eigenschaften sowie die Grenzabmessungen der Evolventenzahnräder zusammengestellt, und die Erzeugung dieser Räder nach dem Abwälzverfahren mit dem Zahnstangenstahl untersucht. Alsdann wird der Begriff eines Satzrädersystems festgelegt, die Grenzbedingungen der Evolventensatzrädersysteme bestimmt und ein Verfahren zu ihrer Ermittlung angegeben. Schließlich werden mit Hilfe dieses Verfahrens die Evolventensatzrädersysteme mit unveränderlicher und solche mit linear in bezug auf die Zähnezahl sich ändernder Zahnhöhe unter Berücksichtigung der in der Praxis auftretenden Anforderungen ermittelt.

Die Untersuchungen erstrecken sich nur auf Stirnrad-Außenverzahnungen mit geraden, axial gerichteten Zähnen. Ferner wurden die
Reibungs- und Abnutzungsverhältnisse der Zähne sowie die Schneidverhältnisse des Werkzeuges zur Herstellung der Zähne außer Betracht
gelassen. Ihren Einfluß zu verfolgen erscheint erst dann angebracht,
wenn ein Anhalt und Überblick über die Anzahl und die Arten der möglichen Satzrädersysteme gefunden ist, der sich als Grundlage zur Untersuchung der genannten Verhältnisse eignet.

Die letzthin allgemein übliche Betrachtungsweise bei Verzahnungsuntersuchungen, die von den auf die Teilkreise bezogenen Zahnabmessungen ausgeht, führt bei Untersuchungen allgemeinster Art zu recht
verwickelten und unübersichtlichen Beziehungen. Es ist daher dem
Vorschlage Hoppes gefolgt worden, wonach die Teilung, der Modul,
die Zahndicke, die Zahnhöhe und die Fußtiefe auf oder von den Grundkreisen aus gemessen werden. Hierdurch vereinfachen sich die meisten
Formelausdrücke ganz erheblich, zumal, wenn man sie außerdem auf
die Einheit des Grundkreismoduls zurückführt. Meßschwierigkeiten
praktischer Art, die dann entstehen, wenn die Zähne nicht bis zum
Grundkreis ausgeschnitten sind, oder wie sie bei der Zahnstange auftreten, deren Grundkreis im Unendlichen liegt, lassen sich durch Vornahme der Messung auf andern Kreisen und durch Umrechnen stets
umgehen.

Manche der in Teil I dieser Abhandlung zusammengefaßten Betrachtungen finden sich in den über Teilkreisverzahnungen veröffentlichten
Schriften verstreut und hätten oft nur der Umrechnung auf den Grundkreis
bedurft. Der Verfasser hielt es jedoch für zweckmäßiger, hiervon abzusehen, und, vom Grundkreis ausgehend, alles Grundsätzliche über die
Zahnräder und die Verzahnungen mit Evolventenflanken, soweit es für
die Untersuchungen in Teil II und III erforderlich ist, von neuem und
zusammenhängend zu entwickeln.

I. Grundsätzliches über Zahnräder und Verzahnungen mit Evolventenflanken.

1. Grundbedingungen für das einwandfreie Zusammenarbeiten von Evolventenzahnrädern.

a) Die Grundgleichung.

Zwei ebene, kreisrunde Scheiben mit den Halbmessern a_0 und b_0 sind auf ihren Umfängen in gleichen Abständen t mit z_1 bzw. z_2 Zähnen besetzt (Abb. 1, Seite 4). Dann ist:

$$z_1 \cdot t = 2\,a_0 \cdot \pi, \qquad z_2 \cdot t = 2\,b_0 \cdot \pi,$$

$$2\,a_0 = z_1 \cdot \frac{t}{\pi}, \qquad 2\,b_0 = z_2 \cdot \frac{t}{\pi}.$$

Das Maß t wird als Teilung und $\dfrac{t}{\pi} = m$ als der Modul der Teilung bezeichnet. Daher ist auch

$$2\,a_0 = z_1 \cdot m, \qquad 2\,b_0 = z_2 \cdot m.$$

Die Zähne auf der einen Scheibe (a_0) sind unter sich gleich, ebenso die auf der andern Scheibe (b_0); die Zahnform auf (a_0) weicht aber von der auf (b_0) ab. Die Zähne füllen ferner nicht die Zahnteilung t, sondern zwischen zwei Zähnen befinden sich allemal Ausschnitte, die in die Scheiben hineinragen. Die Zähne haben auf dem Scheibenumfang in Längenmaß gemessen eine Dicke von $x_1 \cdot m$, bzw. $x_2 \cdot m$. Für die Ausschnitte verbleibt daher, in gleicher Weise gemessen, ein Betrag von $t - x_1 \cdot m = l_1\,m$ bzw. $t - x_2 \cdot m = l_2 \cdot m$, der als Breite der Zahnlücke bezeichnet wird. Derartige Scheiben von endlicher Stärke heißen kreisrunde Stirnzahnräder.

Die Flanken der Zähne sollen aus Kreisevolventen bestehen, deren Grundkreise mit den Umfängen der Scheiben (a_0) und (b_0) zusammenfallen. Die Zähne sind in Abb. 1 in ihrer größtmöglichen Höhe, nämlich bis zum Schnittpunkt der Evolventenflanken gezeichnet. Die Zahnlücken reichen deshalb in die Scheiben hinein, weil die Zahnspitzen freies Spiel haben sollen, wenn die Mittelpunkte M_1 und M_2 der beiden Scheiben so weit genähert werden, bis sich wie in Abb. 2 (Seite 5) einige Zähne an den Flanken berühren.

4   Grundsätzliches über Zahnräder und Verzahnungen mit Evolventenflanken.

Durch die Anordnung nach Abb. 2 entsteht eine spielfreie Evolventenverzahnung allgemeinster Art, deren Gesetzmäßigkeit nunmehr untersucht werden soll. Hierzu sind in Abb. 3 (Seite 6) die sich berührenden Zähne der Abb. 2 im größern Maßstabe herausgezeichnet. Die Berührungspunkte der Zahnflanken liegen bei E_1, E_2, E_3 und E_4. Es ist durch die Eigenschaften der Kreisevolventenverzahnung begründet:

1. daß die Krümmungsmittelpunkte der bei E_1, E_2, E_3 und E_4 gelegenen Elemente der Evolventen in den Punkten m_1, m_2, m_1' und m_2' liegen;

2. daß die Tangenten $m_1 m_2$ bzw. $m_1' m_2'$ zwischen den Grundkreisen zugleich die Eingriffslinien sind, auf denen sich die Berührungspunkte E_1, E_2, E_3 und E_4 bei der Drehung der beiden Scheiben um ihre Mittelpunkte M_1 und M_2 bewegen;

3. daß der Eingriff sich nur innerhalb der Grenzpunkte m_1, m_2 bzw. m_1', m_2' vollziehen kann, und daß die Zähne des Gegenrades deshalb nur so lang sein dürfen, daß sie diese Punkte bei der Drehbewegung nicht überdecken, sondern höchstens berühren;

4. daß der gemeinsame Schnittpunkt P der Tangenten $m_1 m_2$ und $m_1' m_2'$ auf der Geraden $M_1 M_2$ liegt und der resultierende Pol der sich um M_1 und M_2 drehenden Scheiben ist;

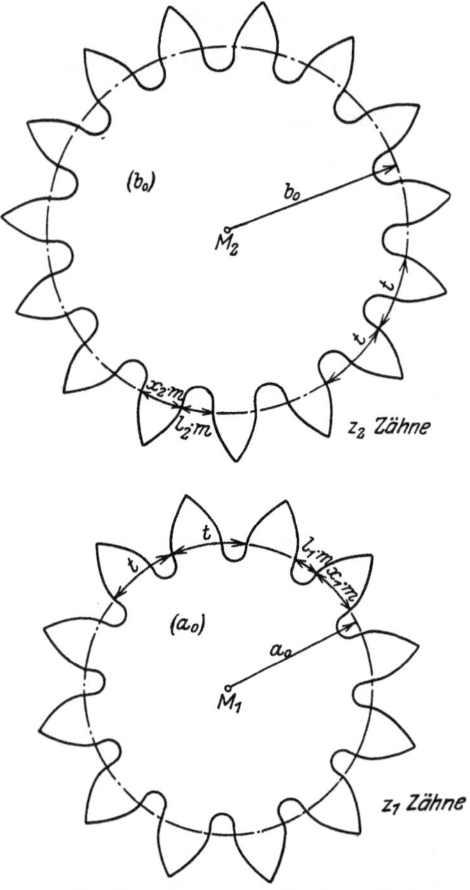

Abb. 1.   Stirnzahnräder mit Evolventenflanken.

5. daß der Winkel α, der zwischen der Geraden $M_1 M_2$ und den zu den Tangentenpunkten m_1, m_2, m_1', m_2' gehörenden Normalen liegt, gleich dem Eingriffswinkel der Verzahnung ist.

Ferner ist leicht einzusehen, daß die Berührungspunkte E_1 und E_3 sowie E_2 und E_4 stets um die Zahnteilung $t = \pi \cdot m$ auseinanderstehen.

Aus der Fadenkonstruktion der Evolvente ergeben sich mit den Bezeichnungen der Abb. 3 die Beziehungen:

$$p = a_0 \cdot (\alpha + \beta_1) - a_0 \cdot \operatorname{tg} \alpha = b_0 \cdot \operatorname{tg} \alpha \quad - b_0 \cdot \eta_2,$$
$$q = a_0 \cdot \operatorname{tg} \alpha \quad - a_0 \cdot \vartheta_1 = b_0 \cdot (\alpha + \beta_2) - b_0 \cdot \operatorname{tg} \alpha,$$
$$o = a_0 \cdot (\alpha + \varkappa_1) - a_0 \cdot \operatorname{tg} \alpha = b_0 \cdot \operatorname{tg} \alpha \quad - b_0 \cdot (\alpha - \varkappa_2),$$
$$n = a_0 \cdot \operatorname{tg} \alpha \quad - a_0 \cdot \eta_1 = b_0 \cdot \vartheta_2 \quad - b_0 \cdot \operatorname{tg} \alpha.$$

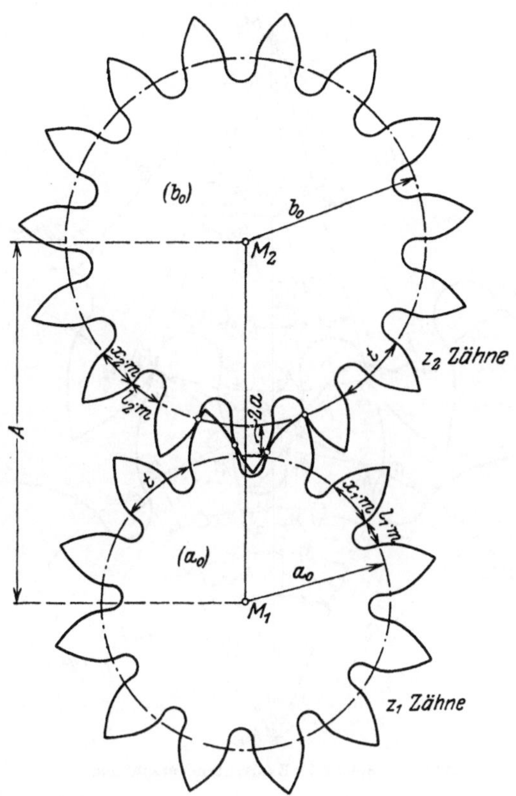

Abb. 2. Stirnzahnräder mit Evolventenflanken: im Eingriff.

Durch Einsetzen von

$$\beta_1 = \xi_1 + \gamma_1, \qquad\qquad \eta_2 = \alpha \quad - \gamma_2,$$
$$\vartheta_1 = \alpha - \delta_1, \qquad\qquad \beta_2 = \xi_2 - \delta_2,$$
$$\varkappa_1 = \delta_1 + \xi_1, \qquad\qquad \varkappa_2 = \xi_2 + \lambda_2 - \delta_2,$$
$$\eta_1 = \alpha \quad - \gamma_1, \qquad\qquad \vartheta_2 = \alpha \quad + \delta_2$$

wird:

$$p = a_0 (\alpha - \operatorname{tg} \alpha) + a_0 (\xi_1 + \gamma_1) = b_0 (\operatorname{tg} \alpha - \alpha) + b_0 \cdot \gamma_2,$$
$$q = a_0 (\operatorname{tg} \alpha - \alpha) + a_0 \delta_1 \quad = b_0 (\alpha - \operatorname{tg} \alpha) + b_0 (\xi_2 - \delta_2),$$
$$o = a_0 (\alpha - \operatorname{tg} \alpha) + a_0 (\xi_1 + \delta_1) = b_0 (\operatorname{tg} \alpha - \alpha) + b_0 (\xi_2 + \lambda_2 - \delta_2),$$
$$n = a_0 (\operatorname{tg} \alpha - \alpha) + a_0 \gamma_1 \quad = b_0 (\alpha - \operatorname{tg} \alpha) + b_0 \delta_2$$

oder:

$$(a_0 + b_0)\,(\operatorname{tg}\alpha - \alpha) - a_0\cdot\xi_1 \qquad\qquad = \quad\; a_0\,\gamma_1 - b_0\,\gamma_2,$$
$$(a_0 + b_0)\,(\operatorname{tg}\alpha - \alpha) - b_0\cdot\xi_2 \qquad\qquad = -\,a_0\,\delta_1 - b_0\,\delta_2,$$
$$(a_0 + b_0)\,(\operatorname{tg}\alpha - \alpha) - a_0\cdot\xi_1 + b_0\,\xi_2 = \quad\; a_0\,\delta_1 - b_0\,\lambda_2 + b_0\cdot\delta_2,$$
$$(a_0 + b_0)\,(\operatorname{tg}\alpha - \alpha) \qquad\qquad\qquad = -\,a_0\,\gamma_1 - b_0\,\delta_2.$$

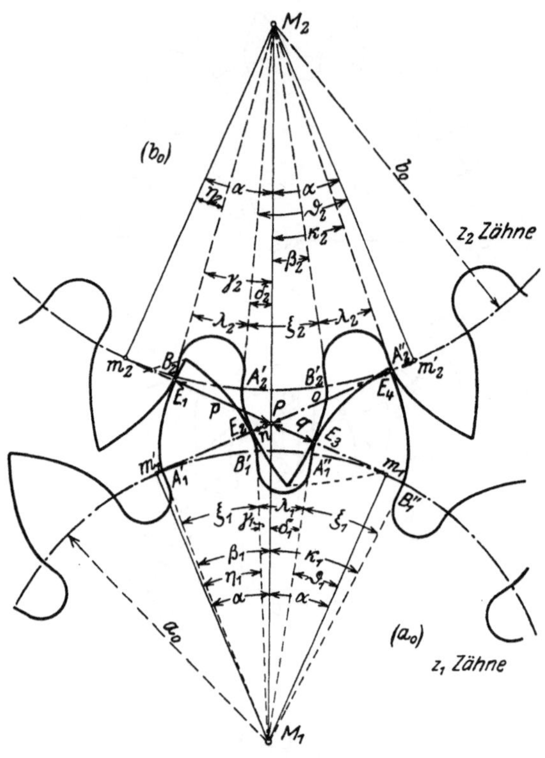

Abb. 3. Spielfreie Evolventen-Verzahnung.

Durch Addition der beiden ersten und der beiden letzten Gleichungen wird erhalten:

$$2\cdot(a_0 + b_0)\,(\operatorname{tg}\alpha - \alpha) - a_0\,\xi_1 - b_0\,\xi_2 = \quad\; a_0\,\gamma_1 - b_0\,\gamma_2 - a_0\,\delta_1 - b_0\,\delta_2,$$
$$2\cdot(a_0 + b_0)\,(\operatorname{tg}\alpha - \alpha) - a_0\,\xi_1 + b_0\,\xi_2 = -\,a_0\,\gamma_1 - b_0\,\lambda_2 + a_0\,\delta_1 + 2\,b_0\,\delta_2,$$
$$\overline{4\,(a_0 + b_0)\,(\operatorname{tg}\alpha - \alpha) - 2\cdot a_0\,\xi_1 \qquad\quad = \qquad\qquad -\,b_0\,\lambda_2 - b_0\,(\gamma_2 - \delta_2),}$$
$$\gamma_2 - \delta_2 = \lambda_2,$$
$$(a_0 + b_0)\,(\operatorname{tg}\alpha - \alpha) = \frac{a_0\,\xi_1 - b_0\,\lambda_2}{2}.$$

Beachtet man, daß $a_0\xi_1$ gleich der Zahndicke $x_1\cdot m$ und $b_0\lambda_2$ gleich der Zahnlücke $(\pi - x_2)\cdot m$ ist, sowie, daß $2\cdot a_0 = z_1\cdot m$ und $2\cdot b_0 = z_2\cdot m$ gesetzt werden kann, so nimmt die Gleichung die Form an:

$$\frac{z_1 + z_2}{2} \cdot (\operatorname{tg} \alpha - \alpha) \cdot m = \frac{x_1 + x_2 - \pi}{2} \cdot m.$$

Aus dieser Gleichung fällt der Faktor $\frac{m}{2}$ heraus, so daß für jede spielfreie Evolventenverzahnung

$$(z_1 + z_2) \cdot (\operatorname{tg} \alpha - \alpha) = x_1 + x_2 - \pi$$

ist. Diese Gleichung wird im folgenden als Grundgleichung bezeichnet.

Die Winkel β, γ, δ, η, ϑ und $\varkappa$ bezogen sich auf eine bestimmte Stellung der Zähne $A_1'B_1'$, $A_1''B_1''$, ... und B_2, $A_2'B_2'$, A_2'', ... zum Pol P. Sie treten in der Grundgleichung nicht auf. Daraus ist zu entnehmen, daß die Grundgleichung für jede Gruppe β, γ, δ, η, ϑ und $\varkappa$ gilt, die sich bei einer Drehbewegung der spielfrei zusammenarbeitenden Räder einstellt, und daß sie unabhängig von der augenblicklichen Stellung der Zähne zum Pol ist.

In der Grundgleichung tritt auch der Modul nicht auf. Dies ist darauf zurückzuführen, daß die Durchmesser der Grundkreise ($z_1 \cdot m$ und $z_2 \cdot m$), die Zahndicken ($x_1 \cdot m$ und $x_2 \cdot m$) und die Teilung ($\pi \cdot m$) mit dem gleichen Modul gemessen sind.

Da die Durchmesser der Grundkreise gleich den Zähnezahlen, in Modul ausgedrückt, sind, so besagt die Grundgleichung auch, daß zwei Evolventenzahnräder von gleichem Modul, spielfrei ineinandergesteckt, einen Eingriffswinkel α haben, der nur von ihren Zähnezahlen und Zahndicken abhängig ist.

Der Modul hat die Bedeutung eines Vergleichsmaßstabes für die Durchmesser, die Zahndicken und alle übrigen Längenmaße. Dieser Vergleichsmaßstab, und zwar der Modul $m = 1$, soll auch in der Folge beibehalten werden. Es beträgt dann:

der Durchmesser des Grundkreises . . . . . z (Moduleinheiten)
die Zahnteilung auf dem Grundkreise . . . π ,,
die Zahnstärke auf dem Grundkreise . . . x ,,

Ferner ergibt sich, ebenfalls in Moduleinheiten, für den Achsenabstand A der beiden in Abb. 2 dargestellten Räder (a_0) und (b_0) bei spielfreiem Ineinandergreifen der Zähne:

$$A = \frac{z_1 + z_2}{2} \cdot \frac{1}{\cos \alpha}.$$

Der Achsenabstand kann auch — und dies ist für die Aufstellung von Übersichtstafeln für Achsenabstände von Verzahnungen mit veränderlichen Eingriffswinkeln zweckmäßig — ausgedrückt werden durch

$$A = \frac{z_1 + z_2}{2} + 2a,$$

wobei $2a$ die kleinste Entfernung der beiden Grundkreislinien voneinander ist und berechnet werden kann aus:

$$2a = \frac{z_1 + z_2}{2} \cdot \left(\frac{1}{\cos \alpha} - 1 \right).$$

b) Unterschnittfreie Verzahnungen.

Die Punkte m_1, m_2, m_1', m_2' in Abb. 3 sind Grenzpunkte für den Verzahnungseingriff. Es ist nicht nur zwecklos, sondern auch für die Güte der Verzahnungen schädlich, die Zahnflanken länger zu machen, als es den Eingriffsstrecken $m_1 m_2$ und $m_1' m_2'$ entspricht.

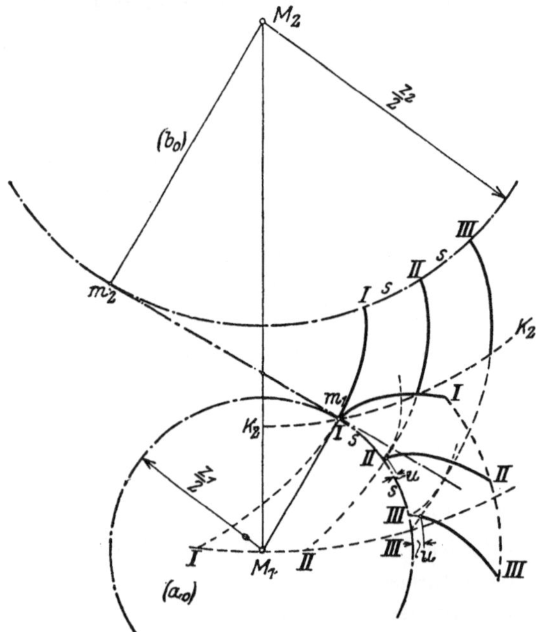

Abb. 4. Unterschnittene Zahnflanken.

In der Abb. 4 sind die Grundkreise und die Eingriffsstrecken $m_1 m_2$ zweier zusammenarbeitender Zahnräder (a_0) und (b_0) dargestellt. Ein Zahnflankenpaar berührt sich in der Stellung I in m_1. Dreht man die Zahnflanken um ein gleiches Stück s auf ihren Grundkreisen weiter in die Stellung II, so ist für die über K_2 hinaus verlängerte Evolventenflanke auf (b_0) keine entsprechende Hüllbahn am Rade (a_0) innerhalb des Grundkreises vorhanden[1]). Außerhalb des Grundkreises gibt es, geometrisch betrachtet, wohl eine zu der Evolvente auf (b_0) gehörende Hüllbahn, nämlich den symmetrischen Kurvenast der Evolvente auf (a_0) aus demselben Ursprungspunkt; diese Hüllbahn berührt aber die Evolventenflanke auf (b_0) von innen, wie in Abb. 4 angedeutet ist, und ist daher praktisch nicht verwertbar.

Gegen ein Verlängern der Evolventenflanke auf (b_0) spricht ferner der Umstand, daß die in der Nähe des Grundkreises befindlichen Teile der Zahnflanken auf (a_0), die Zahnwurzeln, „unterschnitten" werden müssen, um Platz für den über K_2 hinausragenden Teil der Zahnflanke

---

[1]) S. a. Hartmann: Maschinengetriebe S. 220.

des Rades (b_0) zu schaffen. In der Stellung III der um ein weiteres Stück s verschobenen Zahnflanken ist der an der Wurzel der Zähne auf (a_0) erforderliche Unterschnitt u deutlich zu erkennen. Die Nachteile unterschnittener Zähne sind aus dem Schrifttum genügend bekannt.

Die vorliegende Arbeit befaßt sich nur mit unterschnittfreien Zahnrädern, berücksichtigt also nur solche Verzahnungen, bei denen der Kopfkreis des einen Rades höchstens durch die Grenzpunkte der Eingriffsgeraden des Gegenrades geht. (Die Verzahnung nach Abb. 3 [Seite 6] erfüllt diese Forderung.)

In Abb. 5 ist eine Verzahnung durch die Grundkreise mit den Halbmessern $\frac{z_1}{2}$ und $\frac{z_2}{2}$ sowie durch die Kopfkreise K_1 und K_2 angedeutet, wobei K_1 und K_2 gerade durch die Grenzpunkte $m_1{}'$ und $m_2{}'$ der Eingriffsstrecke gehen. Die Zahnhöhen h_1 und h_2 sind also im vorliegenden Fall die größten, noch möglichen Zahnhöhen, die noch keinen Unterschnitt verursachen. Aus der Abb. 5 ergeben sich folgende Beziehungen:

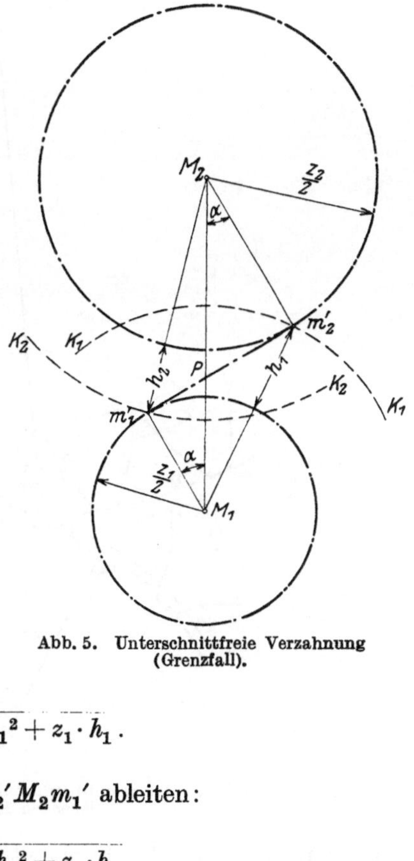

$$m_1{}'\,P = \frac{z_1}{2}\cdot \operatorname{tg}\alpha,$$

$$m_2{}'\,P = \frac{z_2}{2}\cdot \operatorname{tg}\alpha.$$

Im Dreieck $m_1{}'\,M_1\,m_2{}'$ ist:

$$\left(\frac{z_1}{2}+h_1\right)^2 = \left(\frac{z_1}{2}\cdot\operatorname{tg}\alpha + \frac{z_2}{2}\cdot\operatorname{tg}\alpha\right)^2 + \left(\frac{z_1}{2}\right)^2;$$

daher

$$\frac{z_1+z_2}{2}\cdot\operatorname{tg}\alpha = \sqrt{h_1{}^2 + z_1\cdot h_1}\,.$$

Abb. 5. Unterschnittfreie Verzahnung (Grenzfall).

Ähnlich läßt sich aus dem Dreieck $m_2{}'\,M_2\,m_1{}'$ ableiten:

$$\frac{z_1+z_2}{2}\cdot\operatorname{tg}\alpha = \sqrt{h_2{}^2 + z_2\cdot h_2}\,.$$

$\dfrac{z_1+z_2}{2}\cdot\operatorname{tg}\alpha$ ist die Eingriffsstrecke zwischen den Grenzpunkten $m_1{}'$ und $m_2{}'$. Sie muß größer oder darf höchstens gleich $\sqrt{h_1{}^2 + z_1\cdot h_1}$ bzw.

$\sqrt{h_2{}^2 + z_2 \cdot h_2}$ sein, damit ein Unterschneiden der Zahnwurzeln verhütet wird. Demnach ist zu wählen:

$$\frac{z_1 + z_2}{2} \cdot \mathrm{tg}\,\alpha \geqq \sqrt{h_1{}^2 + z_1 \cdot h_1}\,,$$

$$\frac{z_1 + z_2}{2} \cdot \mathrm{tg}\,\alpha \geqq \sqrt{h_2{}^2 + z_2 \cdot h_2}\,.$$

Bisher war vorausgesetzt, daß die Zahnflanken bis zum Grundkreis ausgeschnitten sind. Bei ausgeführten Verzahnungen sind die Fälle

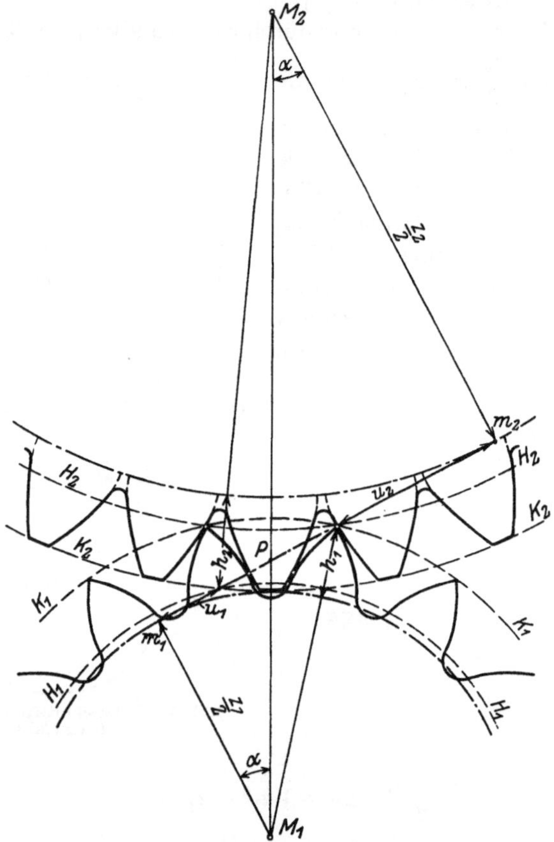

Abb. 6. Unterschnittverhältnisse bei nicht bis zum Grundkreis reichenden Evolventenflanken.

viel häufiger, wo die Evolventenflanken nicht bis zum Grundkreis reichen. In Abb. 6 ist eine derartige Verzahnung dargestellt, bei der sich der Evol>enteil nur zwischen den Kreisen K_1 und H_1 bzw. K_2 und H_2 erstreckt. Durch die Kreise H_1 und H_2 werden auf der Eingriffslinie, von m_1' und m_2' gerechnet, die Strecken u_1 und u_2 abgeschnitten;

und es bedarf keines weitern Beweises, daß die Zahnhöhen nach folgenden
Beziehungen zu beschränken sind:

$$\frac{z_1 + z_2}{2} \cdot \operatorname{tg} \alpha - u_2 \geqq \sqrt{h_1{}^2 + z_1 \cdot h_1},$$

$$\frac{z_1 + z_2}{2} \cdot \operatorname{tg} \alpha - u_1 \geqq \sqrt{h_2{}^2 + z_2 \cdot h_2}.$$

Nebenbei sei bemerkt, daß in Abb. 6 die Zähne des Rades (z_1) zufällig spitz geworden sind und schon aus diesem Grunde nicht länger
gewählt werden können.

c) Die Eingriffsdauer einer Verzahnung.

Der zwischen den Kopfkreisen liegende Abschnitt der Eingriffsstrecken erfordert noch eine weitere Betrachtung.

Nur im Sonderfall
sollen die Kopfkreise K_1
und K_2, wie in Abb. 5
dargestellt, durch die
Grenzpunkte m_1 und m_2
bzw. m_1' und m_2' der
Eingriffsstrecken gehen.
Im allgemeinen muß
man sie, um der Unter-
schnittgefahr vorzubeu-
gen, wie in Abb. 7 inner-
halb der Grenzpunkte
wählen.

Auf dem durch die
Kopfkreise abgegrenz-
ten Abschnitt $g_1 g_2$ bzw.
$g_1' g_2'$ der Eingriffsstrecken wandern nun
die Berührungspunkte
der zusammenarbeiten-
den Zahnflanken. In
dem Augenblick, wo die
Berührung eines Flan-
kenpaares dadurch un-
terbrochen wird, daß
der Berührungspunkt
über den Kopfkreis des

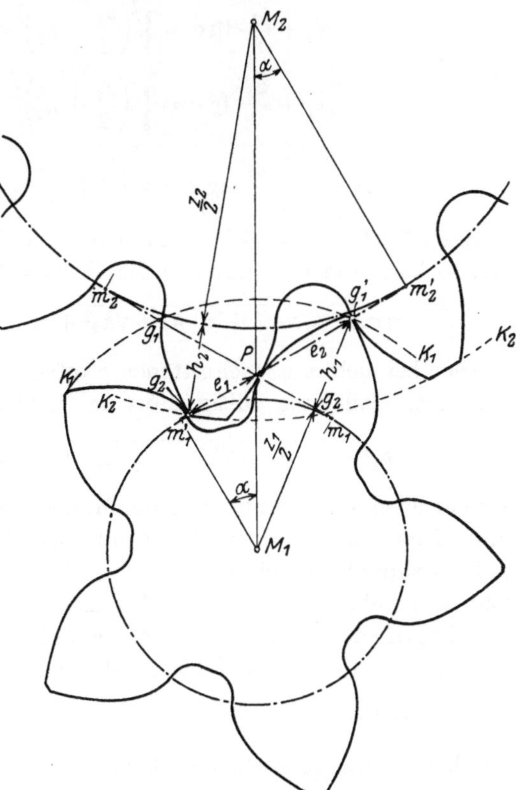

Abb. 7. Beispiel einer Verzahnung mit der Eingriffsdauer:
$\tau = 1$.

einen Rades, z. B. bei g_1' hinausgelangt, muß mindestens schon das nächste Flankenpaar bei g_2' in Berührung sein, damit der Eingriff beider Räder stets gewährleistet bleibt.

Die Berührungspunkte zweier aufeinanderfolgender Zahnflankenpaare stehen, wie bereits auf S. 4 erwähnt, um $t = \pi$ auseinander. Für die folgenden Betrachtungen ist es nun zweckmäßig, das von den Kopfkreisen abgeschnittene Stück $g_1'g_2'$ bzw. $g_1 g_2$ der Eingriffsstrecke einem Werte $\tau \cdot \pi$ gleichzusetzen; τ wird Eingriffsdauer genannt und ist bei auszuführenden Verzahnungen größer als 1 zu wählen, um den Eingriff aufrecht zu erhalten.

Abb. 7, in der eine Verzahnung mit der Eingriffsdauer $\tau = 1$ dargestellt ist, diene zur Ermittlung der Beziehungen der Eingriffsdauer τ zu den Zähnezahlen z_1 bzw. z_2, zu den Zahnhöhen h_1 bzw. h_2 und zum Eingriffswinkel α zweier zusammenarbeitender Räder.

Die Größe der Strecke zwischen den Kopfkreisen beträgt $e_1 + e_2 = \tau \pi$, und zwar ist:

$$e_2 + \frac{z_1}{2} \cdot \operatorname{tg} \alpha = \sqrt{\left(\frac{z_1}{2} + h_1\right)^2 - \left(\frac{z_1}{2}\right)^2},$$

$$e_1 + \frac{z_2}{2} \cdot \operatorname{tg} \alpha = \sqrt{\left(\frac{z_2}{2} + h_2\right)^2 - \left(\frac{z_2}{2}\right)^2},$$

$$\tau \cdot \pi + \frac{z_1 + z_2}{2} \cdot \operatorname{tg} \alpha = \sqrt{h_1^2 + z_1 \cdot h_1} + \sqrt{h_2^2 + z_2 \cdot h_2}.$$

Bezeichnet $\tau_{\min}$ den Wert, unter den die Eingriffsdauer nicht sinken darf, so kann die Gleichung in die Form gekleidet werden:

$$\pi \tau_{\min} \leqq \sqrt{h_1^2 + z_1 \cdot h_1} + \sqrt{h_2^2 + z_2 \cdot h_2} - \frac{z_1 + z_2}{2} \cdot \operatorname{tg} \alpha.$$

Auch bei nicht ausgeschnittenen Evolventenflanken bleibt die soeben abgeleitete Gleichung gültig. Aus der Umformung:

$$\sqrt{h_1^2 + z_1 \cdot h_1} + \sqrt{h_2^2 + z_2 \cdot h_2} \geqq \pi \tau_{\min} + \frac{z_1 + z_2}{2} \cdot \operatorname{tg} \alpha$$

ist zu ersehen, daß sie nur über die Mindesthöhe der Zähne eine Bestimmung liefert, während durch die unausgeschnittenen Zahnflanken die größte Zahnhöhe beschränkt wird (s. S. 11). Natürlich bedeutet der nicht ausgeschnittene Teil der Zahnflanke einen Verlust für die mögliche Eingriffsdauer. Während sich bei Zahnflanken, die bis zum Grundkreis reichen, der Eingriff bis zu den Grundkreispunkten m_1 und m_2 bzw. m_1' und m_2' erstrecken darf, so daß $\pi \tau \leqq \frac{z_1 + z_2}{2} \cdot \operatorname{tg} \alpha$ sein kann, muß bei unausgeschnittenen Flanken sein:

$$\pi \cdot \tau \leqq \frac{z_1 + z_2}{2} \cdot \operatorname{tg} \alpha - (u_1 + u_2) \qquad \text{(s. a. Abb. 6)}.$$

d) Die Lage der Fußkreise.

Die Zahnlücken eines Stirnrades müssen so tief ausgeführt werden, daß der Kopfkreis des Gegenrades in keiner Stellung der Zähne zueinander den Radboden berührt, wenn die Zahnflanken spielfrei zusammenarbeiten. Als Radboden werden die tiefsten Punkte der Zahnlücke, auf einem Halbmesser des Rades gemessen, bezeichnet. Diese Punkte liegen auf dem „Fußkreis" des Rades.

Der Fußkreis kann nun im Grundkreis oder über dem Grundkreise liegen. Um diese beiden Fälle in der rechnerischen Behandlung auseinanderzuhalten, sei die „Fußtiefe", d. i. der Abstand der Fußkreislinie von der Grundkreislinie, mit positivem Vorzeichen versehen, wenn sie

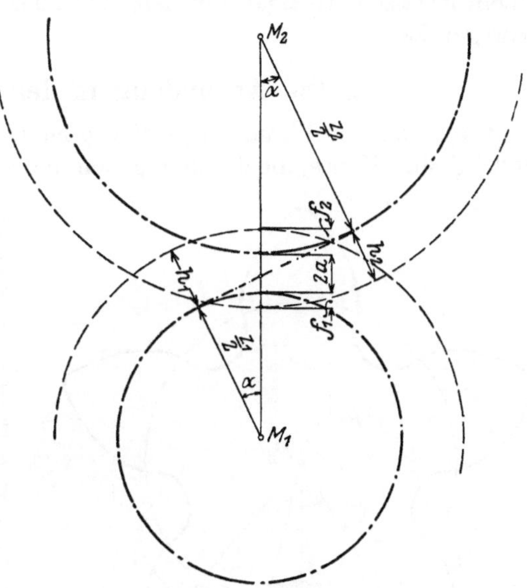

Abb. 8. Bestimmung der Fußtiefe von Stirnrädern.

wie in Abb. 8 in den Grundkreis hineinragt, und mit negativem Vorzeichen, wenn der Grundkreis nicht von der Zahnlücke angeschnitten wird.

Es ist leicht einzusehen, daß die Fußtiefen f_1 und f_2 (Abb. 8) zweier zusammenarbeitender Räder mit den Grundkreishalbmessern $\dfrac{z_1}{2}$ und $\dfrac{z_2}{2}$ von den Zahnhöhen h_1 und h_2 abhängig sein müssen. Ist $2 \cdot a$ der kleinste Abstand der beiden Grundkreise, so ergibt sich:

$$f_1 = h_2 - 2\cdot a \quad \text{und} \quad f_2 = h_1 - 2\cdot a.$$

Nach S. 8 ist $2 \cdot a = \dfrac{z_1+z_2}{2}\cdot\left(\dfrac{1}{\cos\alpha}-1\right)$, wo α den Eingriffswinkel bezeichnet. Demnach gilt:

$$f_1 = h_2 - \frac{z_1+z_2}{2}\cdot\left(\frac{1}{\cos\alpha}-1\right) \left.\right\} \quad f_1 \text{ und } f_2, \text{ wenn in dem Grundkreis}$$

liegend: > 0,

$$f_2 = h_1 - \frac{z_1+z_2}{2}\cdot\left(\frac{1}{\cos\alpha}-1\right) \left.\right\} \quad \text{wenn außerhalb des Grundkreises liegend:}$$

$< 0.$

Als weitere Beziehung folgt, daß bei einer Verzahnung mit gleich hohen Zähnen ($h_1 = h_2$) auch die erforderlichen Fußtiefen gleich sein müssen.

Die abgeleiteten Formeln geben nur theoretische Mindestwerte für die Fußtiefe an. Bei auszuführenden Zahnrädern muß die Fußtiefe größer gewählt werden, damit der Zahnkopf des einen Rades sich mit einem gewissen Abstand von dem Zahnlückengrund des andern Rades bewegen kann.

e) Die Abrundung in der Zahnlücke.

Die Polbahnen W_1 und W_2 zweier kämmender, runder Stirnräder (z_1) und (z_2) sind Kreise, die durch P gehen und zu den Grundkreisen gleichmittig liegen (Abb. 9). Betrachtet man W_2 als Rastpolbahn und W_1 als Gangpolbahn, so beschreiben alle außerhalb der Polbahn W_1 liegenden Punkte des Gangsystems in der Ebene des Rastsystems verlängerte Epizykloiden. Dies gilt auch für den Punkt S des Rades (z_1), den Schnittpunkt des Kopfkreises K_1 mit einer Zahnflanke. Daher muß die Begrenzung der Zahnlücke des Rades (z_2) zwischen dem Radboden und der Evolventenflanke von einer verlängerten Epizykloide gebildet sein, um dem Punkt S eine freie Bahn in der Zahnlücke zu schaffen.

Die Form der Epizykloide hängt von dem Größenverhältnis der Polbahnen und der Lage des Punktes S zu ihnen ab. Sie wird am besten durch

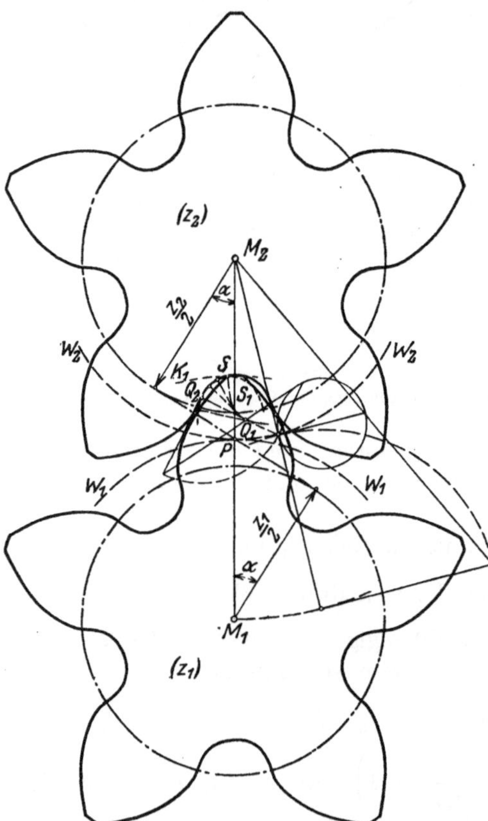

Abb. 9. Bahn des Zahnkopfes im Gegenrad.

ihre Krümmungshalbmesser und die Lage ihrer Krümmungsmittelpunkte gekennzeichnet. Die Mittelpunkte sind in Abb. 9 für das epizykloidische Stück SQ_2 nach dem Hartmannschen Verfahren[1],

---

[1] Hartmann: Maschinengetriebe S. 79.

wie an Punkt Q_2 gezeigt, ermittelt und liegen auf der Kurve $S_1 Q_1$. Jedes Evolventenzahnrad kann je nach dem Eingriffswinkel α, den es mit dem Gegenrad bildet, Polbahnen von verschiedenem Durchmesser haben. Demnach wird der epizykloidische Teil zwischen Evolvente und Radboden je nach dem Gegenrad verschieden ausgebildet sein müssen. Es ist daher bei der Herstellung der Zähne eines Rades darauf zu achten, daß dieser Teil der Zahnlücke so weit zurückliegt, daß die Kopfpunkte aller in Frage kommenden Gegenräder in ihrem Wege nicht behindert werden (s. S. 21).

2. Grenzabmessungen von Evolventenzahnrädern, bedingt durch die Eigenschaften der Evolventenflanken.

In den vorigen Abschnitten wurden die Stirnräder mit Evolventenzähnen daraufhin untersucht, welche Bedingungen für das richtige Zusammenarbeiten mit andern Rädern erfüllt sein müssen. Nunmehr sind noch diejenigen von der Zahnform abhängigen Eigenschaften zu erwähnen, aus denen sich weitere Grenzbedingungen für eine Verzahnung ergeben.

a) Der kleinste Eingriffswinkel.

In Abb. 10 ist eine Verzahnung dargestellt, bei der die Tangentenpunkte m_1 und m_1' der Eingriffsgeraden mit den Begrenzungspunkten der Zahnlücke des einen Rades (z_1) zusammenfallen, wenn die Zahnlücke symmetrisch zur Verbindungsgeraden der Radmittelpunkte $M_1 M_2$ steht. Der sich hierbei ergebende Eingriffswinkel α ist für das Rad (z_1) der kleinste mögliche, wenn eine spielfreie Verzahnung vorausgesetzt wird. Soll also das Rad (z_1) in eine spielfreie Verzahnung passen, so muß der Eingriffswinkel α mindestens so groß sein, wie der in der Abb. 10, besser aber noch größer. Formelmäßig läßt sich dies wie folgt ausdrücken:

$$\alpha_{1\,\text{min}} \geqq \frac{l_1}{2} : \frac{z_1}{2} = \frac{\pi - x_1}{z_1}.$$

Ähnlich gilt für das Gegenrad die Beziehung:

$$\alpha_{2\,\text{min}} \geqq \frac{\pi - x_2}{z_2}.$$

Der kleinste Eingriffswinkel eines Zahnrades ist also lediglich von der Zahnstärke und der Zähnezahl abhängig. Ferner gilt die Grundgleichung:

$$(z_1 + z_2) \cdot (\operatorname{tg} \alpha - \alpha) = x_1 + x_2 - \pi$$

nur so lange, wie entweder $\alpha \geqq \dfrac{\pi - x_1}{z_1}$ oder $\dfrac{\pi - x_2}{z_2}$ ist.

b) Die größte Zahnhöhe.

Eine weitere Grenzbedingung, die lediglich von der Zähnezahl und der Zahnstärke abhängig ist und ohne Rücksicht auf den Eingriff mit einem Gegenrad bestimmt werden kann, ist die größte Höhe eines Zahnes.

Die größte Zahnhöhe ist offenbar dann erreicht, wenn die beiden Evolventenflanken eines Zahnes vom Grundkreis bis zu ihrem gemeinsamen Schnittpunkt ausgeführt sind. Dieser Schnittpunkt liegt in Abb. 11 um das Maß h (auf dem Halbmesser des Kopfkreises gemessen) über dem Grundkreis.

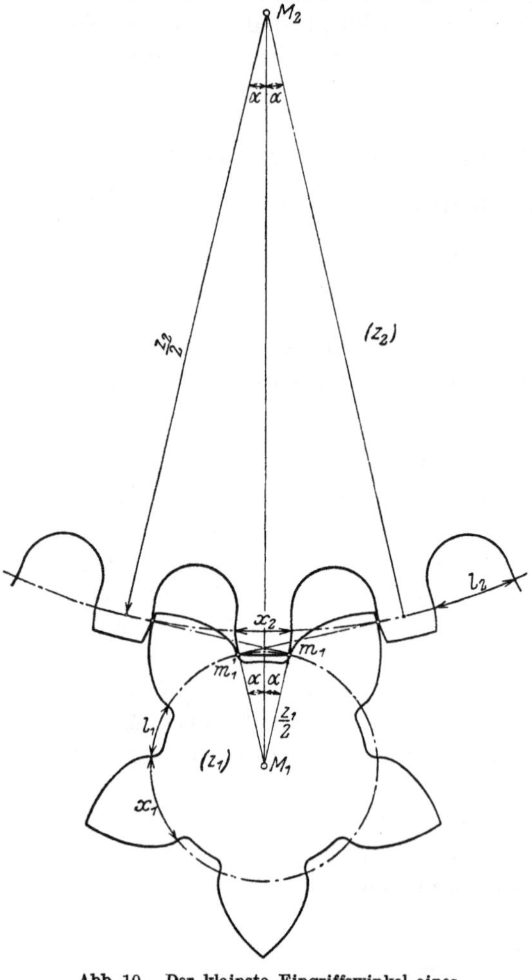

Abb. 10. Der kleinste Eingriffswinkel eines Stirnrades.

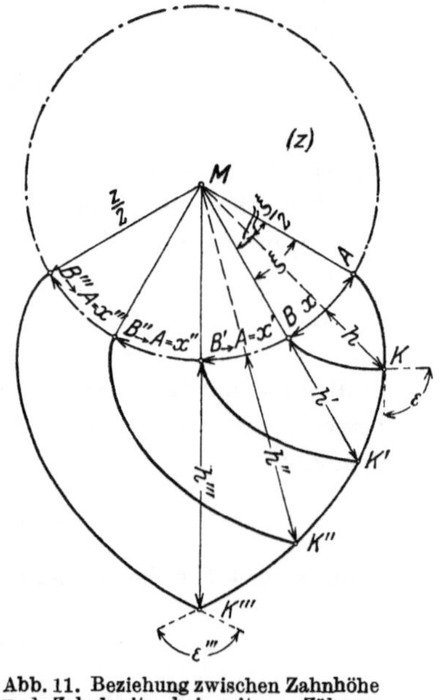

Abb. 11. Beziehung zwischen Zahnhöhe und Zahnbreite bei spitzen Zähnen.

Bei der Ausführung von Zahnrädern scheut man sich im allgemeinen, die Zähne bis zur Zahnspitze herzustellen, weil ein Abdrücken und Spießen der Spitze befürchtet wird. Dieses Bedenken mag für Zähne mit einem verhältnismäßig kleinen Flankenschnittwinkel ε an, der Zahnspitze (s. Abb. 11) in Verbindung mit einer kleinen Eingriffsdauer oder einem weichen Baustoff zutreffen. Ohne Rücksicht hierauf werden in den folgenden Untersuchungen Räder mit spitzen Zähnen als vollwertig angesehen. Sie bilden eben den Grenzfall für Räder mit großen Zahnhöhen.

In Abb. 11 ist ein Stirnrad durch seinen Grundkreis mit dem Durchmesser z angedeutet. Auf ihm befindet sich ein Zahn von der Stärke $AB = x$; die Evolventenflanken dieses Zahnes schneiden sich in K. Zu der Zahnstärke x gehört der Zentriwinkel ξ und die Zahnhöhe h. Aus der Abb. 11 ist die Beziehung $\dfrac{\xi}{2} = \dfrac{x}{z}$ zu ersehen. $\dfrac{\xi}{2}$ läßt sich auch aus der Polargleichung der Evolvente bestimmen:

$$\frac{\xi}{2} = \sqrt{\left(\frac{\frac{z}{2}+h}{\frac{z}{2}}\right)^2 - 1} - \operatorname{arc\,tg}\sqrt{\left(\frac{\frac{z}{2}+h}{\frac{z}{2}}\right)^2 - 1}$$

$$= 2 \cdot \sqrt{\frac{h^2}{z^2} + \frac{h}{z}} - \operatorname{arc\,tg} 2 \cdot \sqrt{\frac{h^2}{z^2} + \frac{h}{z}}.$$

Es muß also, sollen sich die Zahnflanken nicht überschneiden, sein:

$$\frac{x}{z} \geqq 2\sqrt{\frac{h^2}{z^2} + \frac{h}{z}} - \operatorname{arc\,tg} 2\sqrt{\frac{h^2}{z^2} + \frac{h}{z}}.$$

Abb. 11 gibt ein Bild von dem Verlauf der größtmöglichen Zahnhöhen, wenn die Zahnstärke von x auf x', x'' usw. zunimmt. In der unten befindlichen Liste sind einige Werte $\dfrac{x}{z} = f\!\left(\dfrac{h}{z}\right)$ zusammengestellt, während in Abb. 12 der Bereich derjenigen Werte dieser Beziehung aufgetragen ist, der in den folgenden Untersuchungen gebraucht wird.

$h:z$	0,005	0,01	0,02	0,03	0,05	0,07	0,1	0,2	0,3	0,4	0,5
$x:z$	0,00099	0,00260	0,00745	0,01350	0,02856	0,04665	0,077	0,205	0,353	0,515	0,685

$h:z$	0,6	0,7	0,8	0,9	1,0	1,2	1,4	1,6	2,0	3,0	6,0
$x:z$	0,861	1,041	1,224	1,409	1,597	1,977	2,362	2,749	3,530	5,501	11,468

3. Die Erzeugung der Stirnräder-Evolventenzähne nach dem Abwälzverfahren.

Diejenigen Evolventenstirnräder, deren Zähne der theoretischen Form möglichst nahekommen sollen, werden auf Werkzeugmaschinen, und zwar nach zwei verschiedenen Verfahren hergestellt. Die nach dem „Teilverfahren" arbeitenden Maschinen haben als schneidendes Werk-

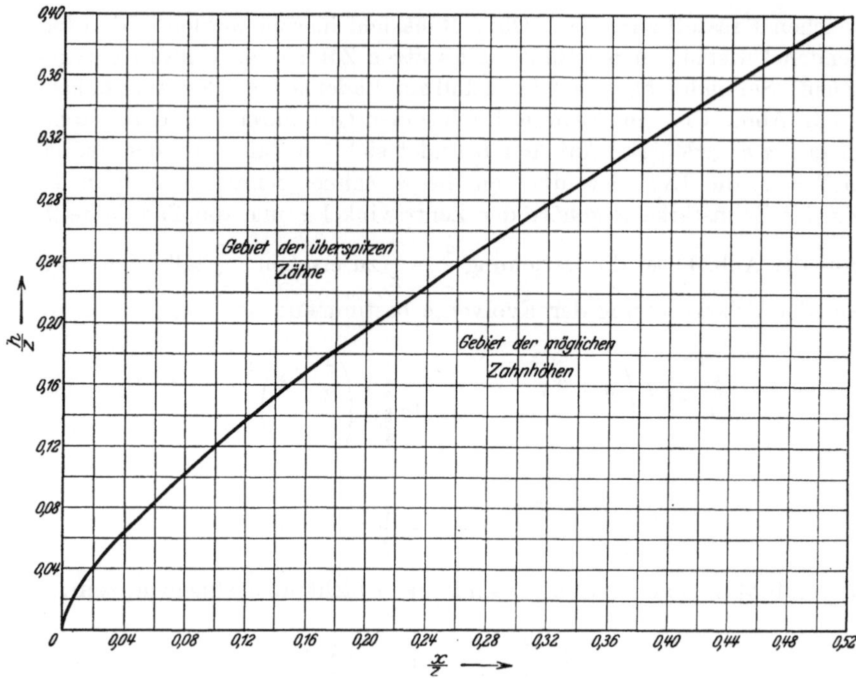

Abb. 12. Größtmögliche Zahnhöhen, abhängig von der Zahnstärke.

zeug einen Fräser, dessen Profil der Zahnlücke des zu erzeugenden Stirnrades kongruent ist. Mit diesem Werkzeug wird aus einer Scheibe vom Durchmesser des Kopfkreises Zahnlücke auf Zahnlücke herausgefräst. Dem Teilverfahren steht das „Abwälzverfahren" gegenüber, bei dem das Profil des Werkzeuges einem Zahnrad entspricht, das mit dem herzustellenden Zahnrad einwandfrei kämmt. Die Bearbeitungsmaschine hat hier die Aufgabe, dem Werkzeugzahnrad eine Schneidbewegung parallel der Achse des Werkstückes zu geben und ferner zwischen Werkstück und Werkzeug eine Abwälzbewegung herzustellen. Die Vor- und Nachteile beider Verfahren sind im Schrifttum genügend erörtert und sollen hier nicht wiederholt werden. Wir bemerken nur, daß das Teilverfahren theoretisch für jede Zähnezahl einen besondern Fräser verlangt und daher für Rädersätze mit großem Zähnezahlenbereich auch einen kostspieligen Fräsersatz erfordert. Im Abwälzverfahren ist es dagegen möglich, mit einem geeigneten Schneidrad einen vollständigen Rädersatz herzustellen. Daher sollen sich die folgenden Untersuchungen nur auf das Abwälzverfahren beziehen.

Als Werkzeug dient hierbei entweder ein „Stoßrad" oder „Schneidrad" mit etwa 10—45 Zähnen, oder man legt dem Werkzeug das Zahnprofil der Zahnstange zugrunde und bildet es als Hobelstahl mit einem öder mehreren Zähnen zum Schneiden oder auch als Formfräser oder Schneckenfräser aus[1]). Im folgenden werden die der letztgenannten Gruppe angehörenden Werkzeuge kurzweg als „Zahnstangenstähle" oder „Schneidstähle" bezeichnet.

Mit dem Schneidrad und mit dem Schneidstahl lassen sich, entsprechende Werkzeugmaschinen vorausgesetzt, Rädersätze mit veränderlichen oder unveränderlichen Eingriffswinkeln herstellen. Wenn daher in den folgenden Untersuchungen diejenigen Satzräder, welche mit dem aus der Zahnstange entwickelten Schneidstahl hergestellt werden können, bevorzugt behandelt, während die mit einem Schneidrad herstellbaren nur beiläufig erwähnt werden, so geschieht es einerseits, um die Erörterungen nicht zu umfangreich zu gestalten, und andrerseits, um die grundsätzlichen Gesichtspunkte und den allgemeinen Gang der Untersuchungen klarer entwickeln zu können. Damit sind auch die Untersuchungen auf die Außenverzahnungen beschränkt; denn nur das Schneidrad, nicht aber der Schneidstahl ist zur Herstellung von Rädern mit Innenzähnen nach dem Abwälzverfahren geeignet.

a) Das Abwälzverfahren mit dem Zahnstangenstahl.

Angenommen, es sei ein Zahnrad mit z Zähnen und den Zahnhöhen h herzustellen. Dann sind zunächst der Grundkreisdurchmesser und der Außendurchmesser des herzustellenden Rades mit einer Länge von z bzw. $(z + 2h)$ Grundkreismoduleinheiten bekannt (s. S. 7). Um die Zahnlücke auszuschneiden, wird zunächst ein Evolventen-Zahnstangenprofil mit dem doppelten Spitzenwinkel $2\alpha_s$ um das Maß s unter den Grundkreis eingesenkt (Abb. 13).

Sodann wird diesem Profil die im vorigen Abschnitt erwähnte Schneidbewegung senkrecht aus der Zeichenebene durch die Bearbeitungsmaschine erteilt. Außerdem sorgt die Maschine für das Abrollen der zu der Zahnstange und dem Rad gehörigen Polbahnen: d. s. die Gerade W_2 und der Kreis W_1. Diese sind in Abb. 13 eingezeichnet. Sie berühren sich jeweils im resultierenden Pol P, in dem sich auch die Eingriffsgeraden $m_1 m_2$ und $m_1' m_2'$ schneiden.

Die Zahnlücke sei bereits geschnitten und habe zum Zahnstangenprofil die in Abb. 13 gezeigte Stellung. Dann besteht die Beziehung:

$$\left(\frac{z}{2 \cdot \cos \alpha_s} - \frac{z}{2} + s\right) \cdot \sin \alpha_s = \frac{z}{2} \cdot \operatorname{tg} \alpha_s - \frac{z}{2} \cdot \alpha_s + \frac{\pi - x}{2},$$

woraus
$$s = \frac{\pi - x - z \cdot (\alpha_s - \sin \alpha_s)}{2 \cdot \sin \alpha_s}$$

und $\pi - s \cdot 2 \cdot \sin \alpha_s = x + z \cdot (\alpha_s - \sin \alpha_s)$ erhalten wird.

---

[1]) Schiebel, A.: Zahnräder, S. 68. Berlin 1922.

Hierbei ist zu beachten, daß s nicht größer sein darf als $\frac{z}{2} \cdot (1 - \cos \alpha_s)$.

Denn sonst würden die herzustellenden Zahnflanken unterschnitten werden. Sollte dieser Fall eintreten, so ist der Zahnstangenstahl wie in

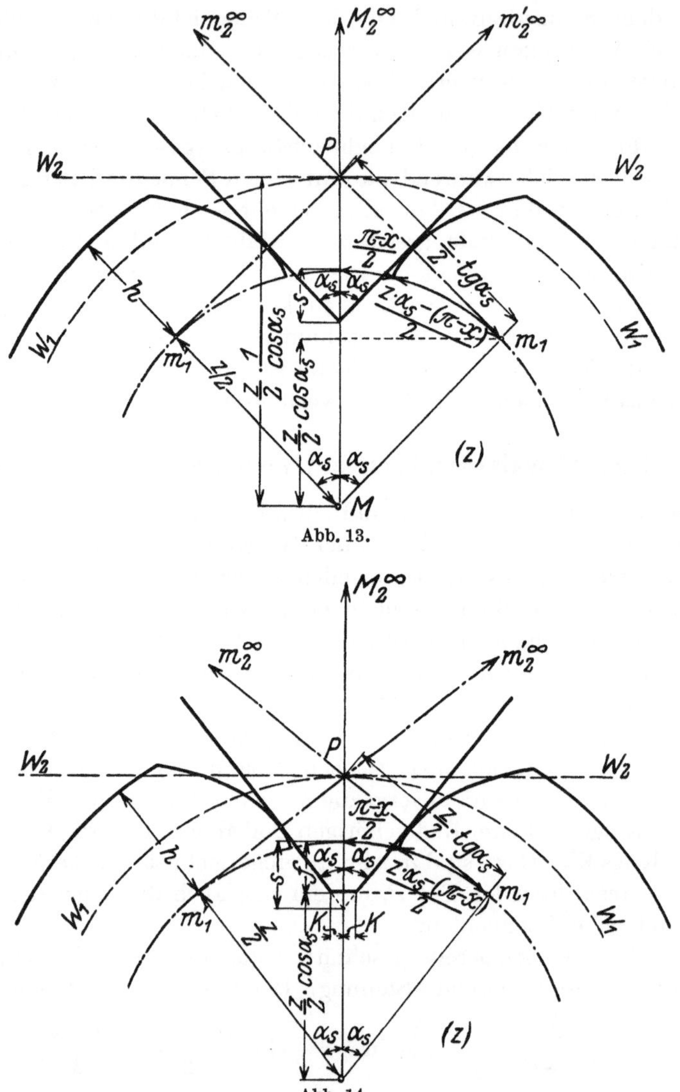

Abb. 13.

Abb. 14.

Abb. 13 und 14. Beziehungen zwischen Schneidstahl und Zahnlücke.

Abb. 14 zu kürzen. Dabei erhielte er eine Endbreite von $2 \cdot k$, wobei

$$k = \left[s - \frac{z}{2} \cdot (1 - \cos \alpha_s) \right] \cdot \operatorname{tg} \alpha_s$$

ist und durch Einsetzen des soeben für s gefundenen Wertes die Gleichung entsteht:

$$\pi - 2 \cdot \cos \alpha_s \cdot k = x + z \cdot (\alpha_s - \sin \alpha_s \cdot \cos \alpha_s) \, .$$

Weiter sei hier der Fall hervorgehoben, wo der Zahnstangenstahl nicht bis zur Projektion des Tangentenpunktes m_1 auf die Gerade $M\,P$ reicht. Es ist aus Abb. 15 zu erkennen, daß alsdann die Zahnflanken nicht bis zum Grundkreis ausgeschnitten werden, da beim Abwälz-

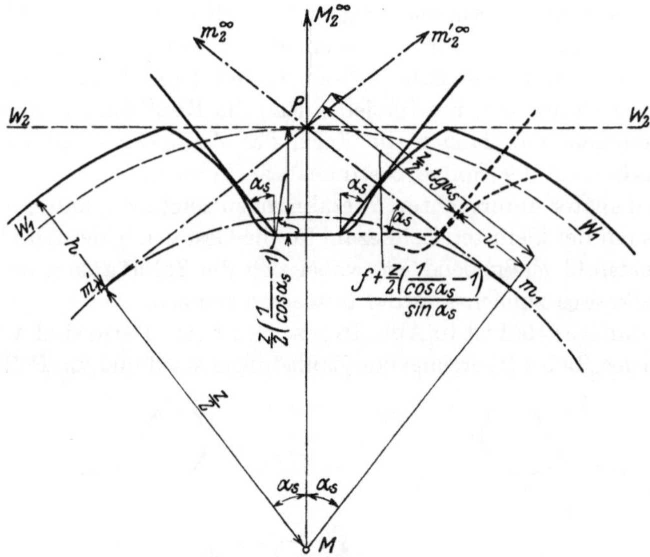

Abb. 15. Beziehungen zwischen Schneidstahl und Zahnlücke.

vorgang der Zahnstangenstahl die Zahnlücke verläßt, bevor er die Grundkreispunkte der Flanken berührt hatte. Einen Maßstab für die Größe des nicht ausgeschnittenen Stückes gibt die Strecke u. Für sie besteht, wenn der Zahnstangenstahl um den Betrag f in den Grundkreis hineinragt, die Beziehung:

$$u = \frac{z}{2} \cdot \operatorname{tg} \alpha_s - \frac{f + \dfrac{z}{2 \cdot \cos \alpha_s} - \dfrac{z}{2}}{\sin \alpha_s} = \frac{z}{2} \cdot \frac{1 - \cos \alpha_s}{\sin \alpha_s} - \frac{f}{\sin \alpha_s} \, .$$

b) Die Abrundung am Kopf des Schneidstahls.

Der Schneidstahl hat nicht allein die Aufgabe, die Zahnflanken zu erzeugen, sondern er soll die ganze Zahnlücke herstellen, also auch die Abrundungen im Grund der Zahnlücke. Diese Abrundungen richten sich nach der Kopfbahn des Gegenrades (s. S. 15), wobei zu berücksichtigen ist, daß sich zwischen beiden ein Sicherheitsspielraum befinden muß, weil sonst ihr Zusammentreffen den Eingriff der Evolventenflanken gefährden würde.

Es besteht demnach die Aufgabe, für den Schneidstahl eine geeignete Abschlußkurve zu finden, so daß bei der Erzeugung der Zahnflanken eines Rades auch zugleich der für die Kopfbahn des Gegenrades erforderliche Raum im Lückengrund hergestellt wird. Diese Aufgabe ist für ein Rad, dessen Gegenrad bekannt ist, stets lösbar, am besten auf zeichnerischem Wege[1]). Die Lösung wird verwickelter, sobald gefordert wird, daß ein und derselbe Schneidstahl mehrere Räder von verschiedenen Zähnezahlen, die einwandfrei miteinander zusammenarbeiten sollen, herstellen soll. In diesem Falle müssen zunächst die Zahnabmessungen der Räder bekannt sein, um für jedes Rad die Kopfbahnen der Gegenräder feststellen und danach die Form des Zahngrundes und die des Schneidstahles an der Spitze bestimmen zu können.

Bei den später untersuchten Verzahnungen zeigt sich, daß die Lücke des Rades mit der kleinsten Zähnezahl für die Gestaltung des Abschlusses am Schneidstahl maßgebend ist, wobei sich die Zahnflanken innerhalb des Grundkreises zunächst radial fortsetzen müssen.

Ein derartiges Rad ist in Abb. 16 gezeichnet (z). Darin sind auch der die Zähne des Rades (z) erzeugende Zahnstangenstahl und die Polbahnen

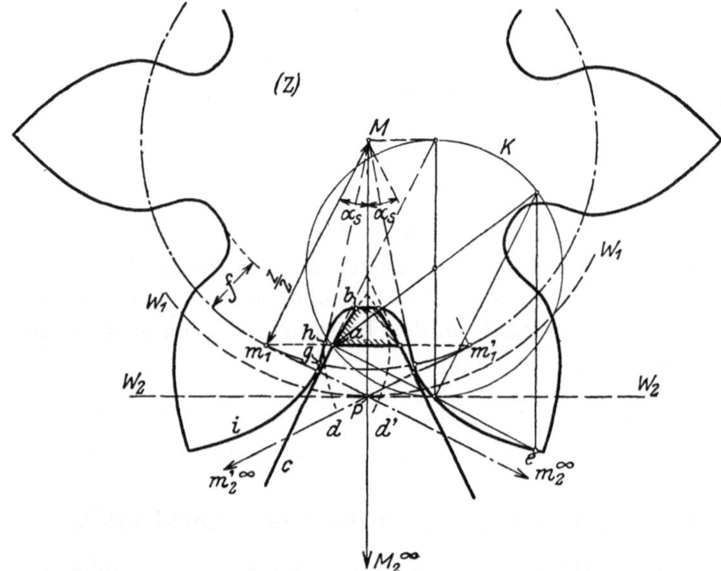

Abb. 16. Form des Schneidstahles zur Herstellung der Zahnlücke.
a—c: Gradlinige Flanke des Zahnstangenstahles. *a—b:* Orthozykloidischer Fortsatz der geradlinigen Flanke. *d—d':* Epizykloidische Bahn des Punktes *b*. *e:* Krümmungsmittelpunkt der Orthozykloide bei *a*. *g—h:* Radialer Fortsatz der Evolventenflanke *g—i*.

[1]) Schiebel, A.: Zahnräder 2, S. 8 u. 15/16. Berlin 1922.

W_1 und W_2 angegeben. Um die Fortsetzung der Flanken radial zu gestalten, ist die Schneidstahlflanke durch eine orthozykloidische Kurve zu ergänzen, die durch Rollung eines Radkreises k mit dem Durchmesser PM in dem Kreise W_1 erzeugt wird[1]). Die Länge der Orthozykloide am Schneidstahl ist der Fußtiefe des Rades (z) entsprechend begrenzt. Dadurch entsteht beim Herstellen der Zahnlücke zwischen dem Radboden und dem radialen Teil eine epizykloidische Abrundung.

Bei gegebener Fußtiefe f ist die in Abb. 16 schraffierte Fläche die größtmögliche Begrenzung des Wälzstahles. Andersgeartete Abschlüsse müssen sich innerhalb dieser Begrenzung befinden; und es ist zu erkennen, daß es nicht möglich ist, jede beliebige Form der Zahnlücke mit einem Schneidstahl zu erzeugen, dessen Flankenwinkel, vielleicht aus andern Ursachen, festliegt. Räder größerer Zähnezahl werden, wenn sie mit demselben Schneidstahl nach Abb. 16 hergestellt werden, einen radialen Verlauf der Zahnflanken nicht mehr aufweisen können. Diesen Punkten ist bisher in der Praxis wenig Beachtung geschenkt worden.

4. Satzrädersysteme mit Evolventenzähnen.

a) Satzrädereigenschaften.

In den voraufgehenden Abschnitten sind der Zahnräderbegriff sowie der Begriff einer einwandfrei arbeitenden Verzahnung ausführlich erörtert worden. Wir wenden uns nun im folgenden der Untersuchung ganzer Zahnrädergruppen zu und wollen solche Evolventenzahnräder, die mit jedem andern Evolventenzahnrad vom gleichen Modul einwandfrei zusammenarbeiten, als „Satzräder" bezeichnen.

Vom kinematischen Standpunkt aus, der nur die Form der Zahnkurve berücksichtigt, sind Evolventenzahnräder gleicher Teilung stets Satzräder, weil die Eingriffslinie jeder von zwei Evolventenrädern gebildeten Verzahnung vor und hinter der Verbindungslinie der Radmittelpunkte (der Zentralen) in bezug auf den augenblicklichen Pol der Wälzkreise (den Teilkreispunkt) polar-[2]) oder verkehrtsymmetrisch[3]) verläuft.

Die in „Hütte"[4]) dargelegte Begriffserklärung, wonach alle Evolventenräder mit gleicher Teilung Satzräder sind, „sobald die Erzeugende gegen die gemeinsame Mittellinie dieselbe Neigung hat", ist zu eng gefaßt. Eine Kongruenz der Eingriffslinien in bezug auf die Zentrale folgt keineswegs aus dem kinematischen Satzräderbegriff, wenn sie sich auch

[1]) Hartmann: Maschinengetriebe S. 230. 1913.
[2]) Braun, O.: Über Zahnformen. Verk. Woche 1, S. 303. 1905/07.
[3]) Schiebel, A.: Zahnräder. S. 9. Berlin 1922.
[4]) Hütte, 20. S. 691. Berlin 1908.

bei manchen Satzräderverzahnungen, wie der Zykloidenverzahnung, als Eigentümlichkeit ergeben kann[1]).

Es sind daher auch Evolventenräder, die, mit andern gleicher Teilung gepaart, unter verschiedenen Eingriffswinkeln zusammenarbeiten, nach kinematischen Begriffen Satzräder.

Die von uns bevorzugte Definition der Satzräder betont das einwandfreie Zusammenarbeiten mit andern Rädern gleichen Moduls und nähert sich der von Hoppe[2]) aufgestellten Erklärung, wonach „unter Satzrädern solche Zahnräder zu verstehen sind, die von einem gewissen kleinsten Rade bis zum unendlich großen, der Zahnstange, beliebig miteinander gewechselt werden können und doch dabei stets richtig miteinander arbeiten."

Der Unterschied liegt darin, daß Hoppe den Zähnezahlenbereich ausdrücklich begrenzt. U. E. ist es zweckmäßig, den Zähnezahlenbereich für derartige Satzrädergruppen noch allgemeiner zu fassen und dafür einen besondern Begriff festzulegen.

Wir nennen darum eine Gruppe von Satzrädern, in der sich Zahnräder mit allen aufeinanderfolgenden Zähnezahlen zwischen einer bestimmten Anfangszähnezahl und einer bestimmten Endzähnezahl befinden, und die außerdem mit einer Zahnstange einwandfrei zusammenarbeiten, ein „Satzrädersystem".

Es ist für unsere Untersuchungen notwendig, die Zahnstange in das System einzubeziehen, weil wir voraussetzen, daß die Satzräder mit einem Schneidstahl vom Zahnstangenprofil im Abwälzverfahren hergestellt werden sollen.

Die allgemein angewandte Teilkreisverzahnung mit 15°-Eingriffswinkel besitzt von der Zähnezahl 30 ab ein Satzrädersystem, in dem alle Zähnezahlen bis unendlich vorkommen. Nach obiger Begriffsbestimmung würden wir — abweichend von Hoppe — als Satzrädersystem auch schon eine Gruppe von Satzrädern gelten lassen, in der die Räder mit den aufeinanderfolgenden Zähnezahlen von 30 bis beispielsweise 200 oder 300 einwandfreie Verzahnungen ergeben, sofern sie auch noch mit der Zahnstange richtig zusammenarbeiten.

Das Bestreben der Zahngetriebetechnik ist darauf gerichtet, große Übersetzungsverhältnisse mit einer möglichst kleinen Gesamtzähnezahl zu erreichen, insbesondere, wenn es sich um Krafträder handelt. Aber auch bei Arbeitsrädern würde man sich den wirtschaftlichen Gewinn, der sich bei kleiner Gesamtzähnezahl eines Zahnrädergetriebes in dem geringern Raumbedarf, dem niedrigern Gewicht und dem verringerten Trägheitsmoment der umlaufenden Massen sowie der billigern Her-

---

[1]) Hütte, 20. S. 687. Berlin 1908.
[2]) Verhdlgn. d. Ver. z. Bef. d. Gewfl. 88, S. 245, 1909.

stellung ausdrückt, gern zunutze machen, wenn dabei die Eingriffsverhältnisse der gebräuchlichen Verzahnungen einwandfrei wären. Die bisher vorherrschende Teilkreisverzahnung mit 15°-Eingriffswinkel bereitet in dieser Hinsicht Schwierigkeiten, indem Räder mit Zähnezahlen unter 30 nicht mit der Zahnstange und Räder mit weniger als 25 Zähnen nicht mit einem Gegenrad von 100 Zähnen richtig zusammenarbeiten[1]). Räder mit weniger als 12 Zähnen werden ferner dermaßen stark unterschnitten, daß man sie in Getrieben, in denen Stöße auftreten können, nicht verwenden kann.

Dem Maschinenbau ist vielmehr mit einer Gruppe von Satzrädern gedient, die mit einer kleinen Zähnezahl, ungefähr 8, beginnt, wenn in dieser Gruppe auch außer der Zahnstange keine größern Zähnezahlen als etwa 200 vorhanden sein sollten. Dagegen ist das Rad mit unendlich vielen Zähnen, also die Zahnstange, ein Maschinenelement, das vorzüglich verwendbar ist, und daher unbedingt in einer Satzrädergruppe vorhanden sein muß, ganz abgesehen davon, daß sie bei den vorliegenden Untersuchungen die Grundlage für das Schneidwerkzeug ist.

Es ist daher gerechtfertigt, Satzrädersysteme nach obiger Begriffsbestimmung, also mit einem endlichen Zähnezahlenumfang, als vollwertig gelten zu lassen, wenn auch in den spätern Untersuchungen erstrebt werden soll, die endliche Endzähnezahl der Systeme möglichst hoch zu erhalten.

b) Gesichtspunkte für eine zweckmäßige Auswahl von Satzrädersystemen.

Die Kennzeichen der noch heute in der Technik vorwiegend verwendeten Evolventen-Satzräderverzahnung sind unveränderlicher Eingriffswinkel sowie für alle Satzräder gleiche Zahnstärken auf dem Teilkreis und unveränderliche Kopf- und Fußtiefen, ebenfalls vom Teilkreis aus gemessen. Diese leicht zu merkenden, auf Reuleaux zurückzuführenden Kennzeichen sowie der Umstand, daß bei der Wahl eines rationalen Moduls auf dem Teilkreis nach dem Vorschlage von Willis der Achsenabstand ein leicht festzustellendes rundes Maß wird, haben zweifellos dazu beigetragen, daß diese Verzahnungsart trotz ihrer Nachteile bei kleinen Zähnezahlen festen Fuß fassen konnte. Als der Maschinenbau in zunehmendem Maße Getriebe verlangte, worin die Zähnezahl des Ritzels auf 12 und 10 herabzusetzen war, sah man sich genötigt, die bei so kleinen Zähnezahlen ungeeigneten Zahnabmessungen der 15°-Teilkreisverzahnung durch Ändern der Zahnhöhen und Zahndicken zu verbessern[2]). Der Eingriffswinkel und die runden Maße der Achsenabstände

---

[1]) Verhdlgn. d. Ver. z. Bef. d. Gewfl. 88, S. 259/260, 1909.
[2]) Hütte, I, 20, S. 691. Berlin 1908.

wurden zunächst beibehalten. Erst in den letzten Jahren werden ältere, wiederum auf Hoppe[1]) zurückgehende Vorschläge, bei Satzrädersystemen, in denen Räder mit kleinen Zähnezahlen auftreten, auf das runde Entfernungsmaß der Radmitten zu verzichten und den Eingriffswinkel im System veränderlich zu wählen, ernstlicher beachtet[2]).

Bei dem hohen Genauigkeitsgrad, mit dem jetzt Maschinenteile hergestellt werden können, besteht gar kein Bedenken, in Getrieben auch Achsenabstände anzuwenden, die in bezug auf den Millimetermaßstab inkommensurabel sind. Die Einregelung eines Achsenabstandes erfordert zudem in der Praxis stets Richtarbeit, die aber nicht schwieriger auszuführen ist, als z. B. das Ausrichten zweier hintereinander oder nebeneinander liegender Zylinder einer Kraft- oder Arbeitsmaschine.

Ebensowenig ist das starre Festhalten an einem unveränderlichen Eingriffswinkel für alle Satzräderverzahnungen berechtigt. Er wird beim Einrichten eines Getriebes kaum gemessen, geschweige denn genau eingehalten.

Wenn auch die neuerdings angeregten Verbesserungen als ein vom Althergebrachten befreiender Fortschritt zu begrüßen sind, so haben sie doch mit Ausnahme der Hoppeschen Vorschläge den Nachteil aller bisher bekannt gewordenen Verbesserungsmittel: daß die verbesserten Räder nicht mehr Satzrädereigenschaften nach dem auf S. 23 dargelegten Begriff aufweisen.

Wie die voraufgehenden Untersuchungen erkennen lassen, bestehen so viele Beziehungen zwischen den Größen, die einen bestimmenden Einfluß auf die Verzahnungsverhältnisse haben, daß es nicht angängig ist, sie durch weitere, an sich willkürliche Forderungen, wie die ganzzahliger (runder) Werte, noch zu beschränken. Hauptsächlich sind es folgende Größen, die bei einer Verzahnung zueinander in Abhängigkeit treten:

1. die Zähnezahl,
2. der Eingriffswinkel,
3. die Zahndicke,
4. die Zahnhöhe,
5. die Fußtiefe und die Rundungen des Zahngrundes.

Unsere Aufgabe geht nun dahin, unter Berücksichtigung der für diese Größen früher abgeleiteten Beziehungen Satzrädersysteme zu finden, die sich im Abwälzverfahren mit dem Zahnstangenstahl herstellen lassen.

Bei der Mannigfaltigkeit der Beziehungen war es von vornherein nicht möglich, auf deduktivem Wege einen Anhalt zu finden, wie sich diese Aufgabe am einfachsten lösen ließe. Der Umstand, daß die Hoppesche Verzahnung unveränderliche Zahnhöhen über dem Grundkreis für alle Satzräder vorsieht, während die Teilkreisverzahnung Zahnhöhen

---

[1]) Z. d. V. d. I. 47, S. 854. 1903. — [2]) Betrieb 1918/19, S. 109/110.

aufweist, die zwar, über dem Teilkreis gemessen, unveränderlich sind, über dem Grundkreis gemessen, sich dagegen mit der Zähnezahl ändern, veranlaßte den Verfasser zu dem im folgenden unternommenen Versuch, die Satzrädersysteme nach ihrer Beziehung zwischen Zahnhöhe und Zähnezahl zu betrachten. Die folgenden Ausführungen beschäftigen sich daher mit Satzrädersystemen, bei denen die Zahnhöhe bei jedem Satzrad gleich ist (Teil II), und ferner mit solchen Systemen, bei denen die Zahnhöhe von der Zähnezahl der Satzräder abhängig ist (Teil III).

Außerdem liegen den Untersuchungen über die möglichen Satzrädersysteme noch folgende Gesichtspunkte zugrunde:

1. Zähnezahl: Der Bereich der Zähnezahl ist bereits bei der Begriffsbestimmung des Satzrädersystems behandelt (s. S. 24). Hier sei nochmals hervorgehoben, daß eine möglichst hohe Endzähnezahl für die Systeme, die nicht alle Zähnezahlen bis unendlich fortlaufend aufweisen, erstrebt werden soll.

2. Der Eingriffswinkel kann im Satzrädersystem veränderlich sein; seine Grenzwerte sind nur mit Rücksicht auf Unterschnitt und Eingriffsdauer, wie auf S. 8 und 11 dargetan, zu bestimmen, weil Reibungs- und Wirkungsgradverhältnisse außer Betracht bleiben sollen.

3. Die Zahndicke, auf dem Grundkreis gemessen, braucht nicht für alle Satzräder im System gleich zu sein; immerhin ist zu erstreben, daß die Zahnräder mit kleiner Zähnezahl mindestens gleiche, wenn nicht größere Fußstärken aufweisen sollen wie die mit großer Zähnezahl, da die Zähne der kleinen Räder öfter zum Eingriff kommen als die der großen und sich gerade an der Wurzel stark abnutzen.

4. Zahnhöhe: Wie bereits erwähnt, werden diejenigen Systeme berücksichtigt, bei denen die Zahnhöhe unveränderlich oder von der Zähnezahl abhängig ist.

5. Fußtiefe und Zahngrund: Es sollen Satzrädersysteme mit unveränderlicher Fußtiefe und solche mit ausgeschnittenen Zahnflanken berücksichtigt werden. Die Zahngrundverhältnisse sind, soweit sie für die folgenden Betrachtungen in Frage kommen, bereits auf S. 14 und 21 behandelt worden.

Während die aufgezählten Punkte mehr oder weniger den Umfang oder die Beschränkung der vorliegenden Aufgabe angeben, die wir uns vom Zweckmäßigkeitsstandpunkte aus auferlegen müssen, werden im folgenden zunächst die Bereiche oder Grenzen abgeleitet, die aus der Bedingung hervorgehen, daß sich in den Systemen nur einwandfreie Verzahnungen befinden sollen.

II. Evolventen-Satzrädersysteme mit unveränderlicher Zahnhöhe.

1. Für Evolventen-Satzrädersysteme mit unveränderlicher Zahnhöhe maßgebende Grenzbedingungen.

a) Die kleinste Zähnezahl.

Es wurde schon betont, daß ein Satzrädersystem um so höher zu bewerten ist, je kleiner die Zähnezahl ist, mit der es beginnt[1]). Für die Anfangszähnezahl, die z_a betragen möge, liegt aus den früher über einwandfreie Verzahnungen hergeleiteten Gleichungen eine Reihe von Bedingungen fest. Ferner machen wir von einer Beziehung Gebrauch, die als selbstverständlich anzusehen ist, nämlich, daß in einem Satzrädersystem jedes Rad mit einem sich selbst gleichen eine einwandfreie Verzahnung ergeben muß. Für das Zusammenarbeiten zweier Räder mit der Anfangszähnezahl z_a lautet demnach die Grundgleichung:

$$z_a \cdot (\operatorname{tg} \alpha - \alpha) = x_a - \frac{\pi}{2},$$

worin x_a die Zahnstärke des Anfangsrades bedeutet.

Der kleinste Eingriffswinkel α_u zweier Anfangsräder muß mindestens der Gleichung genügen:

$$z_a \cdot \operatorname{tg} \alpha_u \geqq \sqrt{h^2 + h \cdot z_a},$$

wenn die Zähne nicht unterschnitten werden sollen[2]).

Ferner ist die Zahnhöhe des Rades dadurch begrenzt, daß die Zahnflanken nicht über ihren Schnittpunkt hinaus verlängert werden können. Daher ist zu wählen:

$$\frac{x_a}{z_a} \geqq 2 \cdot \sqrt{\left(\frac{h}{z_a}\right)^2 + \frac{h}{z_a}} - \operatorname{arc\,tg} 2 \cdot \sqrt{\left(\frac{h}{z_a}\right)^2 + \frac{h}{z_a}} \; {}^3).$$

Diese beiden letzten Gleichungen bestimmen die untere Grenze des Eingriffswinkels. Er kann, wenn die Zahnhöhe gleich bleibt, stetig vergrößert werden, wobei die Zahnstärke entsprechend zunehmen muß, damit die Flanken spielfrei zusammenarbeiten. Diese Vergrößerung des Eingriffswinkels ist jedoch nur solange möglich, bis die Kopfkreise der Räder gerade noch die kleinstzulässige Eingriffsdauer $\tau_{\min}$ auf der Eingriffsstrecke abschneiden. Dieser Grenzwinkel α_e errechnet sich aus

$$z_a \cdot \operatorname{tg} \alpha_e + \pi \cdot \tau_{\min} \leqq 2 \cdot \sqrt{h^2 + h \cdot z_a} \; {}^4).$$

---

[1]) S. 24.   [2]) S. 10.   [3]) S. 17.   [4]) S. 12.

Unsere Untersuchungen laufen darauf hinaus, die theoretischen Grenzen festzulegen; deshalb setzen wir in allen Fällen $\tau_{min} = 1$, ähnlich, wie wir die Grenze des Unterschnittes übereinstimmend mit der theoretischen wählen. Wir bleiben uns bewußt, daß wir in der konstruktiven Ausführung von Verzahnungen um einen Sicherheitsbetrag innerhalb der hier ermittelten Grenzen zu bleiben haben. Leider fehlen bis jetzt praktische Versuche, die über das einzuhaltende Sicherheitsmaß einen brauchbaren Anhalt geben könnten.

Aus den letzten drei Gleichungen ergeben sich in Verbindung mit der ersten für jede Anfangszähnezahl z_a drei Beziehungen zwischen α und h, die sich, als Kurven dargestellt (s. Abb. 17), im allgemeinen nicht decken, sondern sich schneiden und ein Kurvendreieck begrenzen, in dem alle Eingriffswinkel und Zahnhöhen für die betreffende Zähnezahl enthalten sind. Man hat also hinsichtlich der Wahl dieser beiden Größen einen gewissen Spielraum, innerhalb dessen einwandfreie Verzahnungen möglich sind. Das ist ein Vorteil; denn die Anfangsräder unterliegen als Satzräder noch weitern Bedingungen, die um so leichter zu erfüllen sind, je größer der Spielraum ist.

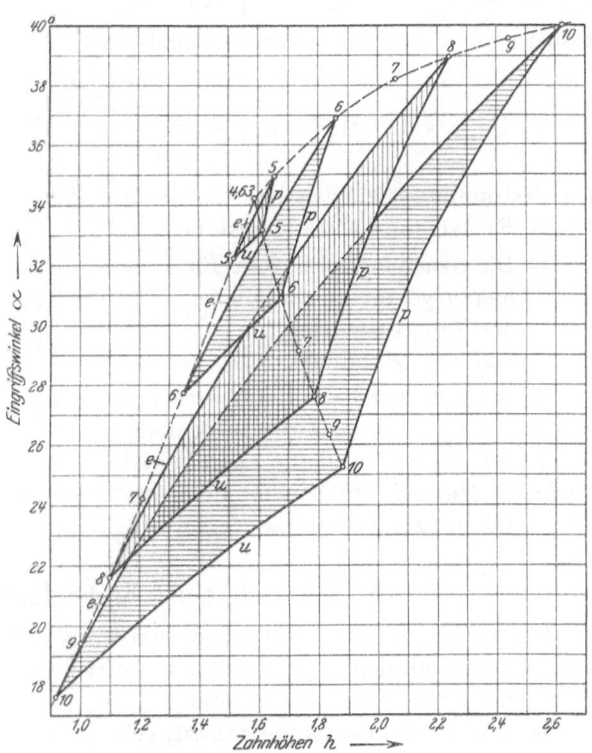

Abb. 17. Zulässige Zahnhöhen und Eingriffswinkel für zwei gleiche Räder mit den Zähnezahlen: $z_a = 5 \div 10$.
e Eingriffsgrenze. *u* Unterschnittgrenze. *p* Spitzengrenze.

Es zeigt sich ferner, daß die Grenzkurvendreiecke in Abb. 17 um so kleiner werden, je kleiner die Anfangszähnezahl z_a gewählt wird. Es ist daher verständlich, daß die Schwierigkeiten, Satzrädersysteme zu finden, mit abnehmender Anfangszähnezahl wachsen müssen.

Schließlich gibt es einen Fall, in dem die drei den Gleichungen entsprechenden Kurven durch einen Punkt gehen. Damit haben wir die kleinste, im unterschnittfreien Evolventen-Satzrädersystem überhaupt mögliche Zähnezahl vor uns. Für diesen Fall gelten folgende Beziehungen:

1. Unterschnittgl.: $z_a \cdot \operatorname{tg} \alpha_u = \sqrt{h^2 + h \cdot z_a}$,

2. Eingriffsgl.: $z_a \cdot \operatorname{tg} \alpha_e = 2 \cdot \sqrt{h^2 + h \cdot z_a} - \pi$,

3. Grundgl.: $z_a \cdot (\operatorname{tg} \alpha - \alpha) = x_a - \dfrac{\pi}{2}$,

4. Spitzengl.: $\dfrac{x_a}{z_a} = 2 \cdot \sqrt{\left(\dfrac{h}{z_a}\right)^2 + \dfrac{h}{z_a}} - \operatorname{arc tg} 2 \cdot \sqrt{\left(\dfrac{h}{z_a}\right)^2 + \dfrac{h}{z_a}}$,

wobei $\alpha_u = \alpha_e = \alpha$ ist. Hieraus erhält man:

$$\frac{\pi}{z_a} \cdot \frac{1}{1 + 2 \cdot \left(\dfrac{\pi}{z_a}\right)^2} = \operatorname{tg} \frac{\pi}{2 \cdot z_a}$$

als Bestimmungsgleichung für die kleinste Zähnezahl im unterschnittfreien Evolventen-Satzrädersystem.

Die Gleichung ist erfüllt für . . . . $z_a = 4{,}6256$;
hierzu gehört die Zahnhöhe . . . . $h = 1{,}5883$,
der Eingriffswinkel . . . . $\alpha = 34^0 11'$
und die Zahndicke . . . . $x_a = 1{,}9527$.

Dementsprechend werden unsere Untersuchungen von der Anfangszähnezahl $z_a = 5$ ihren Ausgang nehmen.

In der Abb. 17 sind die charakteristischen Kurven bis zu $z_a = 10$ verfolgt. Die sich ergebenden Bereiche bilden den Ausgangspunkt für die Aufstellung von Satzrädersystemen.

b) Die Schneidstahlgleichung.

Der zu einem Satzrädersystem gehörende Schneidstahl ist im Zusammenhang mit den Eigenschaften zu betrachten, die dem betreffenden Satzrädersystem eigentümlich sind.

Wie auf S. 27 auseinandergesetzt, gehen wir bei den aufzusuchenden Satzrädersystemen von der Zahnhöhe aus. Wir wollen uns hier zunächst auf den Fall beschränken, daß die Zahnhöhe über das ganze System unveränderlich ist, und dabei zwei Arten von Satzrädern eingehender behandeln, nämlich solche, wo die Fußtiefe unveränderlich ist, und solche, deren Zahnflanken bis zum Grundkreis ausgeschnitten sind.

Soll die Fußtiefe bei allen Satzrädern eines Systems gleich sein, so muß der Schneidstahl mit dem Spitzenwinkel α_s, mit dem alle Räder geschnitten werden sollen, um das Maß s (s. Abb. 18) unter den Grundkreis eingesenkt werden, und zwar bei jedem Rade. Demnach gilt die Gleichung (S. 19):

$$\pi - s \cdot 2 \cdot \sin \alpha_s = x + z\,(\alpha_s - \sin \alpha_s)$$

für jede Zähnezahl des Systems. Da s und α_s für das System unveränderlich sind, so ist:

$$x + z \cdot (\alpha_s - \sin \alpha_s) = \text{const.}$$

Aus Abb. 18 ist ersichtlich, daß nur bei einer bestimmten Zähnezahl die Zahnflanken bis zum Grundkreis ausgeschnitten werden. Mit wachsender Zähnezahl wird der am Grundkreis liegende Teil der Evolvente immer weniger vollständig hergestellt. Bei kleinen Zähnezahlen werden

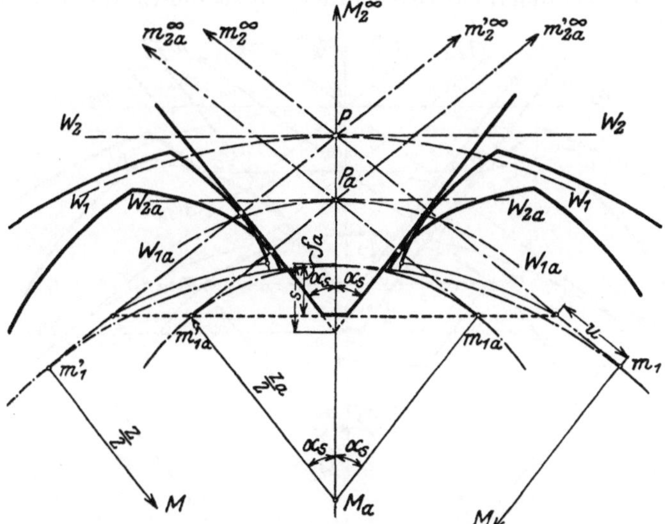

Abb. 18. Schneidstahl für Satzrädersysteme mit unveränderlicher Zahnhöhe.

die Flanken sogar unterschnitten. Will man den letztgenannten Umstand vermeiden, so bleibt nichts anderes übrig, als s nach der kleinsten Zähnezahl zu bestimmen, derart, daß hierbei die Flanken bis zum Grundkreis geschnitten werden.

Soll ein Satzrädersystem geschaffen werden, bei dem die Zahnflanken jedes Satzrades bis zum Grundkreis ausgeschnitten sind, so muß bei jeder Zähnezahl das in Abb. 19 mit k bezeichnete Maß des Schneidstahls um den Betrag:

$$= \frac{z}{2} \cdot (1 - \cos \alpha_s)$$

unter dem Grundkreis liegen. Es ist ersichtlich, daß in diesem System die Fußtiefe eines Satzrades um so größer wird, je höher seine Zähnezahl ist.

Man geht auch hier wieder am zweckmäßigsten von der für das Anfangsrad erforderlichen Mindestfußtiefe aus und bestimmt danach und aus den sonstigen Eigenschaften des Anfangsrades die Unveränderlichen α_s und k des Schneidstahls. Dann, gilt für jede Zähnezahl die Gleichung auf S. 20:

$$\pi - 2 \cdot k \cdot \cos \alpha_s = x + z \cdot (\alpha_s - \sin \alpha_s \cdot \cos \alpha_s)$$

oder

$$\text{const} = x + z \cdot (\alpha_s - \sin \alpha_s \cdot \cos \alpha_s).$$

Sowohl die für unveränderliche Fußtiefe abgeleitete als auch die eben angegebene Gleichung für ausgeschnittene Zahnflanken ist von der Form:

$$x + a \cdot z = b,$$

wo a und b unveränderliche Größen für ein bestimmtes System bedeuten.

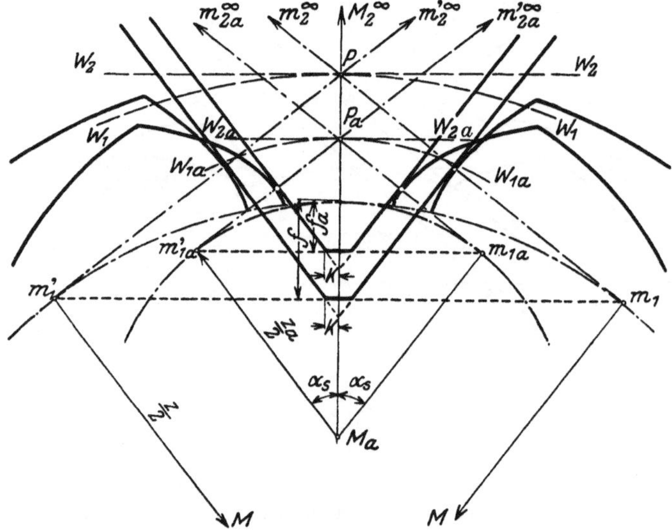

Abb. 19. Schneidstahl für Satzrädersysteme mit unveränderlicher Zahnhöhe.

Nehmen wir zwei beliebige Räder mit den Zähnezahlen z_1 und z_2 und den bezüglichen Zahnstärken x_1 und x_2 aus den Systemen heraus, so gilt sowohl $x_1 + a \cdot z_1 = b$ wie auch $x_2 + a \cdot z_2 = b$; und ferner $x_1 + x_2 = 2 \cdot b - a \cdot (z_1 + z_2)$. Aus der geradlinigen Beziehung zwischen x und z folgt, daß die Summe der Zahndicken zweier Satzräder von der Summe der Zähnezahlen abhängig ist, wenn das System, zu dem sie gehören, in der angedeuteten Weise mit einem Schneidstahl hergestellt wird.

Werden zwei Satzräder zu einer spielfreien Verzahnung gepaart, so gilt außerdem die Grundgleichung:

$$(z_1 + z_2)(\operatorname{tg} \alpha - \alpha) = x_1 + x_2 - \pi$$

und für den Achsenabstand: $A = \dfrac{z_1 + z_2}{2 \cdot \cos \alpha}.$

Aus diesen Gleichungen folgt, daß auch der Eingriffswinkel und der Achsenabstand dieser Verzahnungen nur von der Summe $(z_1 + z_2)$ der Zähnezahlen, nicht von der Größe der einzelnen Summanden abhängig ist. Sind also z_1 und z_2 die Zähnezahlen eines Räderpaares mit der Zähnezahlensumme $2 \cdot z_m$, so hat ein Räderpaar mit den Zähnezahlen je z_m den gleichen Eingriffswinkel und Achsenabstand wie das erstgenannte Räderpaar $(z_1 + z_2)$; ebenso ein Räderpaar, von dem das eine Rad die Anfangszähnezahl z_a und das Gegenrad die Zähnezahl $(2 z_m - z_a)$ aufweist.

Diese Beziehung gilt auch für alle bisher bekannt gewordenen und ausgeführten Satzrädersysteme. Es ist aber nicht angängig, sie als Forderung, die von jedem Satzrädersystem erfüllt sein muß, aufzustellen, da auch Satzrädersysteme denkbar sind, in denen die oben genannten Größen a und b mit der Zähnezahl der Räder veränderlich sind.

Mit den eben abgeleiteten Beziehungen ist uns nun die Möglichkeit gegeben, die Eigenschaften aller Satzräder eines Systems zu ermitteln, sobald ein Rad bekannt ist.

Nehmen wir aus dem System zwei gleiche Räder mit den Zähnezahlen je z heraus, so lautet die Grundgleichung für ihr spielfreies Zusammenarbeiten:

$$z \cdot (\operatorname{tg} \alpha - \alpha) = x - \frac{\pi}{2}.$$

Verbinden wir diese Gleichung mit: $x + a \cdot z = b$ und der für die Anangszähnezahl geltenden: $x_a + a \cdot z_a = b$, so ist, da

$$x = x_a + a \cdot z_a - a \cdot z = x_a - a \cdot (z - z_a) \text{ ist,}$$

$$z \cdot (\operatorname{tg} \alpha - \alpha) = x_a - a \cdot (z - z_a) - \frac{\pi}{2} \text{ oder}$$

$$z \cdot (\operatorname{tg} \alpha - \alpha + a) = x_a + a \cdot z_a - \frac{\pi}{2} = b - \frac{\pi}{2} = \text{const}.$$

Wenn also Zähnezahl und Zahnstärke des Anfangsrades bekannt sind, so ist auch die linke Seite der letzten Gleichung zu ermitteln, sobald der Beiwert a festliegt. Dieser ist eine reine Funktion des Schneidstahlwinkels und war: $a = \alpha_s - \sin \alpha_s$ bei Systemen mit unveränderlicher Fußtiefe, bzw. $a = \alpha_s - \sin \alpha_s \cdot \cos \alpha_s$ bei Systemen mit ausgeschnittenen Zahnflanken.

Die Ermittlung des Wertes a wird uns in den nächsten Abschnitten beschäftigen.

Um bei gegebenem oder ermitteltem a die Größe des Schneidstahlwinkels bequemer, wenn auch nur angenähert zu ermitteln, bedienen wir uns einer Reihenentwicklung:

1.
$$\alpha_s - \sin \alpha_s = \alpha_s - \alpha_s + \frac{\alpha_s^{\,3}}{6} - \ldots$$

$$\alpha_s \sim \sqrt[3]{6 \cdot (\alpha_s - \sin \alpha_s)} = \sqrt[3]{6 \cdot a}.$$

Die Gleichung ergibt bis zu $\alpha_s = 30^0$ ein um weniger als $0,5\%$ zu kleines α_s.

$$2. \quad \sin\alpha_s \cdot \cos\alpha_s = \frac{1}{2}\cdot \sin 2\,\alpha_s = \frac{1}{2}\cdot\left(2\,\alpha_s - \frac{8}{6}\,\alpha_s{}^3 + \ldots\right)$$

$$\alpha_s - \sin\alpha_s \cdot \cos\alpha_s = \sim \frac{2}{3}\,\alpha_s{}^3$$

$$\alpha_s \sim \sqrt[3]{\frac{3}{2}\cdot(\alpha_s - \sin\alpha_s \cdot \cos\alpha_s)} = \sqrt[3]{1,5\cdot a}\ .$$

Die Gleichung ergibt bis zu $\alpha_s = 15^0$ ein um weniger als $0,5\%$ zu kleines α_s.

Die Gleichung: $z\cdot(\mathrm{tg}\,\alpha - \alpha + a) = b - \dfrac{\pi}{2}$ soll im folgenden als **Schneidstahlgleichung** bezeichnet werden.

Die beiden in diesem Abschnitt behandelten Satzrädersysteme mit unveränderlicher Zahnhöhe sind also vollständig bestimmt, sowie das Anfangsrad und der Schneidstahlwinkel gegeben sind. Es ist nun Aufgabe der nächsten Abschnitte, Anfangsrad und Schneidstahlwinkel so festzulegen, daß jede im System denkbare Paarung zweier Satzräder auch hinsichtlich der Verzahnung einwandfrei ist.

c) Gegen Unterschnittgefahr gesicherte Satzrädersysteme.

Stirnräder, die in der im vorigen Abschnitt gekennzeichneten Weise hergestellt werden, sind nach den auf S. 8 dargelegten Begriffen unterschnittfrei. Damit ist aber noch nicht die Sicherheit gegeben, daß sich diese Räder spielfrei zu einwandfreien Verzahnungen zusammenstecken lassen; es sei denn, daß in jedem Fall die auf S. 11 genannten Gleichungen:

$$\frac{z_1 + z_2}{2}\cdot \mathrm{tg}\,\alpha - u_2 \geqq \sqrt{h^2 + h\cdot z_1} \quad \text{und} \quad \frac{z_1 + z_2}{2}\cdot \mathrm{tg}\,\alpha - u_1 \geqq \sqrt{h^2 + h\cdot z_2}$$

erfüllt sind, wenn z_1 und z_2 zwei beliebige Zähnezahlen und h die über das System unveränderliche Zahnhöhe bedeuten.

Wir haben also alle im System möglichen Verzahnungen daraufhin zu untersuchen, daß sie obigen Gleichungen genügen. Diese nicht einfach erscheinende Aufgabe wird im vorliegenden Fall dadurch erleichtert, daß der Eingriffswinkel einer Verzahnung nur von der Summe der Zähnezahlen $(z_1 + z_2)$ abhängt (s. S. 33). Ist diese gleich $2z$, so genügt es, z_1 alle Werte von der Anfangszähnezahl z_a bis zur Endzähnezahl $(2z - z_a)$ stetig durchlaufen zu lassen; da hierbei das Gegenrad der Reihe nach die Werte $(2z - z_a)$ bis zu z_a annimmt, so besagt die zweite Gleichung dasselbe wie die erste. Demnach muß

$$z\cdot \mathrm{tg}\,\alpha - u_2 \geqq \sqrt{h^2 + h\cdot z_1}$$

für alle Werte z_1 erfüllt sein, und es ist zu untersuchen, bei welchem z_1 die rechte Seite der Gleichung am größten wird.

Wir behandeln zunächst den Fall, wo u_2 gleich Null wird, wo also sämtliche Räder des Systems bis zum Grundkreis ausgeschnittene Evolventenflanken aufweisen. Unsere Gleichung nimmt dann die Form an:

$$z \cdot \operatorname{tg} \alpha \gtreqless \sqrt{h^2 + h \cdot z_1} \,,$$

und es ist offenbar, daß die Wurzel am größten wird, wenn z_1 seinen Größtwert erhält. Dieser ist $z_1 = 2z - z_a$.

Daher ist der Eingriffswinkel α aller Verzahnungen mit einer Gesamtzähnezahlensumme $2z$ so zu wählen, daß die „Unterschnittgrenzgleichung":

$$z \cdot \operatorname{tg} \alpha \geqq \sqrt{h^2 + h \cdot (2z - z_a)}$$

erfüllt ist. Sonst reichen die Zahnköpfe des Rades mit der Zähnezahl $(2z - z_a)$ zu tief in das Gegenrad hinein und unterschneiden seine Zahnwurzeln. Das Gegenrad hat aber die Zähnezahl $2z - (2z - z_a)$, ist also das Anfangsrad (z_a) des Systems.

Wir gehen nunmehr zu den Systemen über, deren Zähne, abgesehen von denen des Anfangsrades, nicht bis zum Grundkreis ausgeschnitten sind (s. S. 30), und zwar zu solchen, wo

$$u = \frac{z}{2} \cdot \frac{1 - \cos \alpha_s}{\sin \alpha_s} - \frac{f}{\sin \alpha_s}$$

ist, und f bei allen Rädern die unveränderliche Größe

$$f = f_a = \frac{z_a}{2} \cdot (1 - \cos \alpha_s)$$

(s. Abb. 18) besitzt, also zu den Systemen mit unveränderlicher Fußtiefe.

Auf Grund gleicher Überlegungen wie oben ist für die Gesamtzähnezahl $2z$ einer Verzahnung nur die Betrachtung der Gleichung

$$z \cdot \operatorname{tg} \alpha - \frac{z_2}{2} \cdot \frac{1 - \cos \alpha_s}{\sin \alpha_s} + \frac{z_a}{2} \cdot \frac{1 - \cos \alpha_s}{\sin \alpha_s} \gtreqless \sqrt{h^2 + h \cdot z_1}$$

erforderlich. Für z_2 läßt sich wieder $(2z - z_1)$ setzen. Nach einigem Umformen wird erhalten:

$$z \cdot \operatorname{tg} \alpha + \frac{z_a}{2} \cdot \frac{1 - \cos \alpha_s}{\sin \alpha_s} \gtreqless \sqrt{h^2 + h \cdot z_1} + \frac{2z - z_1}{2} \cdot \frac{1 - \cos \alpha_s}{\sin \alpha_s} \,.$$

Die rechte Seite der Gleichung werde mit y bezeichnet; ferner sei: $\dfrac{1 - \cos \alpha_s}{\sin \alpha_s} = \varkappa$, wobei $\varkappa$ stets ein echter Bruch ist. Den Größtwert, den y annehmen kann, findet man durch Bilden der ersten Ableitung nach z_1:

$$y = \sqrt{h^2 + h \cdot z_1} + \frac{2z - z_1}{2} \cdot \varkappa,$$

$$\frac{dy}{dz_1} = \frac{h}{2 \cdot \sqrt{h^2 + h \cdot z_1}} - \frac{\varkappa}{2} = 0,$$

$$h^2 + h \cdot z_1 = \frac{h^2}{\varkappa^2},$$

$$z_1 = h \cdot \left(\frac{1}{\varkappa^2} - 1\right) = z'.$$

Aus

$$\frac{d^2 y}{dz_1^2} = \frac{h}{2} \cdot \frac{-h}{2 \cdot \sqrt{(h^2 + h \cdot z_1)^3}}$$

und unter Einsetzen des eben gefundenen Wertes z' ist ersichtlich, daß $z' = h \cdot \left(\frac{1}{\varkappa^2} - 1\right)$ einen Größtwert für y liefert. Denn die zweite Ableitung wird < 0, wenn dieser Wert eingesetzt wird.

Da die von uns betrachteten Systeme mit einer Zähnezahl z_a beginnen, die größer als Null ist, so kann z' erst dann von Einfluß sein, wenn $2z - z_a > z'$ ist. Ist $2z - z_a < z'$, so liegt bei $z_1 = 2z - z_a$ ein relativer Größtwert.

Demnach sind bei dem zuletzt betrachteten System mit unveränderlicher Zahnhöhe und Fußtiefe folgende Fälle zu unterscheiden:

1. Ist die Gesamtzähnezahl $2z$ zweier zusammenarbeitender Räder kleiner als $h \cdot \left(\frac{1}{\varkappa^2} - 1\right) + z_a$, so hat die Unterschnittgrenzgleichung die Form:

$$z \cdot \mathrm{tg}\, \alpha + \frac{z_a}{2} \cdot \varkappa \geqq \sqrt{h^2 + h \cdot (2z - z_a)} + \frac{2z - (2z - z_a)}{2} \cdot \varkappa$$

oder

$$z \cdot \mathrm{tg}\, \alpha \geqq \sqrt{h^2 + h \cdot (2z - z_a)},$$

wenn nicht der Kopfkreis des Rades mit der Zähnezahl $(2z - z_a)$ in die Zahnwurzel des Anfangsrades einschneiden soll.

2. Ist die Gesamtzähnezahl $2z$ zweier ineinandergreifender Räder größer als $h \cdot \left(\frac{1}{\varkappa^2} - 1\right) + z_a$, so gefährdet der Kopfkreis des Rades mit der Zähnezahl $z' = h \cdot \left(\frac{1}{\varkappa^2} - 1\right)$ die Zahnwurzel des Gegenrades; daher ist zu wählen:

$$z \cdot \mathrm{tg}\, \alpha + \frac{z_a}{2} \cdot \varkappa \geqq \sqrt{h^2 + h \cdot h \cdot \left(\frac{1}{\varkappa^2} - 1\right)} + \frac{2z - h \cdot \left(\frac{1}{\varkappa^2} - 1\right)}{2} \cdot \varkappa$$

bzw.

$$z \cdot \mathrm{tg}\, \alpha \geqq \frac{h}{2\varkappa} + \frac{\varkappa}{2} \cdot [2z - z_a + h].$$

3. Ist die Gesamtzähnezahl $2z$ zweier zusammenarbeitender Räder gleich $h \cdot \left(\dfrac{1}{\varkappa^2} - 1\right) + z_a$, so führen die unter 1. und 2. angegebenen Grenzgleichungen zu dem gleichen Ergebnis:

<table>
<tr><td align="center">aus 1.:</td><td align="center">aus 2.:</td></tr>
</table>

$$z \cdot \operatorname{tg} \alpha \geqq \sqrt{h^2 + h \cdot h \cdot \left(\frac{1}{\varkappa^2} - 1\right)} \qquad z \cdot \operatorname{tg} \alpha \geqq \frac{h}{2\varkappa} + \frac{\varkappa}{2}\left[h \cdot \left(\frac{1}{\varkappa^2} - 1\right) + h\right]$$

$$\geqq \frac{h}{\varkappa} \qquad\qquad\qquad\qquad\qquad \geqq \frac{h}{\varkappa}.$$

Außer dem Freisein von Unterschnitt müssen von einwandfreien Verzahnungen noch andere Bedingungen erfüllt werden, die in den ersten Abschnitten ausführlich zusammengestellt worden sind und nunmehr auf die Satzrädersysteme angewendet werden sollen.

d) Die für hinreichende Eingriffsdauer maßgebenden Zähnezahlen.

Wir bedienen uns zur Untersuchung, ob auch jedes zusammenarbeitende Räderpaar mit den Zähnezahlen $z_1 + z_2 = 2z$ genügende Eingriffsdauer aufweist, der auf S. 12 abgeleiteten Gleichung:

$$\frac{z_1 + z_2}{2} \cdot \operatorname{tg} \alpha + \pi \tau_{\min} \leqq \sqrt{h_1^2 + h_1 \cdot z_1} + \sqrt{h_2^2 + h_2 \cdot z_2}.$$

Es sei daran erinnert, daß zunächst die Systeme mit unveränderlicher Zahnhöhe, bei denen also $h_1 = h_2 = h$ ist, betrachtet werden sollen. Ferner war bereits auf S. 12 darauf hingewiesen worden, daß die genannte Gleichung nicht davon beeinflußt wird, ob die Zahnwurzel bis zum Grundkreis ausgeschnitten ist oder nicht, sofern bei der Verzahnung der Räder: $z_1 + z_2 = 2z$ die Unterschnittgleichung erfüllt ist.

Unter sinngemäßer Anwendung der im vorigen Abschnitt ausführlich beschriebenen Methode haben wir nunmehr die Gleichung:

$$z \cdot \operatorname{tg} \alpha + \pi \tau_{\min} \leqq \sqrt{h^2 + h \cdot z_1} + \sqrt{h^2 + h \cdot (2z - z_1)}$$

zu verfolgen und festzustellen, wann ihre rechte Seite, die wir $y \cdot \sqrt{h}$ gleichsetzen wollen, ein Minimum aufweist. Auch hier kann z_1 alle Werte von z_a bis $(2z - z_a)$ annehmen, wenn z_a die Anfangszähnezahl bedeutet.

$$y = \sqrt{h + z_1} + \sqrt{h + 2z - z_1},$$

$$\frac{dy}{dz_1} = \frac{1}{2 \cdot \sqrt{h + z_1}} - \frac{1}{2 \cdot \sqrt{h + 2z - z_1}} = 0,$$

$$z_1 = z.$$

Die zweite Ableitung:

$$\frac{d^2 y}{d z_1^{\,2}} = -\frac{1}{4\cdot(h+z_1)^{3/2}} - \frac{1}{4\cdot(h+2z-z_1)^{3/2}}$$

ergibt, daß für $z_1 = z : \dfrac{d^2 y}{d z_1^{\,2}} < 0$ wird. Der aus der ersten Ableitung gefundene Wert $z_1 = z$ ist demnach ein Maximum, und wir schließen, daß infolge der Stetigkeit von z_1 bei $z_1 = z_a$ und $z_1 = (2z - z_a)$ ein relatives Minimum liegen muß. Beide Werte z_a und $(2z - z_a)$ führen zu dem gleichen Ergebnis, daß nämlich für die kleinste Eingriffsdauer des Systems mit unveränderlicher Zahnhöhe über dem Grundkreis zu beachten ist, daß bei jeder Verzahnung mit der Zähnezahlensumme $2z$ die „Eingriffsgrenzgleichung" erfüllt sein muß:

$$z\cdot\mathrm{tg}\,\alpha + \pi\,\tau_{\min} \leqq \sqrt{h^2 + h\cdot z_a} + \sqrt{h^2 + h\cdot(2z - z_a)}$$

und zwar sowohl bei Systemen mit unveränderlicher Fußtiefe als auch mit ausgeschnittenen Zahnwurzeln.

e) Das Auftreten überspitzer Zähne im Satzrädersystem.

Während für den größtzulässigen Eingriffswinkel zweier zusammenarbeitender Räder die kleinste Eingriffsdauer maßgebend ist, wie im vorigen Abschnitt gezeigt wurde, kann für den kleinsten noch zulässigen Eingriffswinkel außer der Unterschnittgefahr auch das Spitzwerden der Zähne von Einfluß sein. Auf diesen Umstand ist bereits bei der Ermittlung der kleinsten Zähnezahl im System hingewiesen worden (s. S. 28).

Hier soll nun untersucht werden, unter welchen Verhältnissen in den Satzrädersystemen mit unveränderlicher Zahnhöhe überspitze Zähne auftreten können.

Wir betrachten hierzu wiederum einen Bereich der Zähnezahlensumme $(z_1 + z_2) = 2z$, in dem z_1 und z_2 der Reihe nach die Werte

$$z_1 = z_a \quad\ldots\ldots\ldots z \ldots\ldots (2z - z_a)$$
$$z_2 = (2z - z_a) \quad\ldots\ldots z \ldots\ldots z_a$$

annehmen können. Zu diesen Zähnezahlen gehören die Zahnstärken

$$x_1 = x_a \quad\ldots\ldots\ldots x \ldots\ldots (2x - x_a)$$
$$x_2 = (2x - x_a) \ldots\ldots x \ldots\ldots x_a.$$

Aus der Grundgleichung:

$$(z_1 + z_2)\cdot(\mathrm{tg}\,\alpha - \alpha) = x_1 + x_2 - \pi,$$

die für unsern Fall passend geschrieben werden kann:

$$2\cdot z\cdot(\mathrm{tg}\,\alpha - \alpha) = x_1 + x_2 - \pi,$$

ist der Zusammenhang zwischen dem Eingriffswinkel und den Zahnstärken ersichtlich.

Wenn wir die Zahnstärke eines Rades in einer Verzahnung verringern, so wird auch der Eingriffswinkel kleiner, wenn die Verzahnung spielfrei bleiben soll. Nun läßt sich aber bei unveränderlicher Zahnhöhe im System die Zahnstärke nicht beliebig verringern, ohne daß der Fall, daß die Zähne überspitzt werden, eintritt (s. S. 17). Es müssen nämlich x_1 und x_2 die Gleichungen erfüllen:

$$x_1 \geqq z_1 \cdot \left[2 \cdot \sqrt{\left(\frac{h}{z_1}\right)^2 + \frac{h}{z_1}} - \text{arc tg } 2 \cdot \sqrt{\left(\frac{h}{z_1}\right)^2 + \frac{h}{z_1}} \right],$$

$$x_2 \geqq z_2 \cdot \left[2 \cdot \sqrt{\left(\frac{h}{z_2}\right)^2 + \frac{h}{z_2}} - \text{arc tg } 2 \cdot \sqrt{\left(\frac{h}{z_2}\right)^2 + \frac{h}{z_2}} \right],$$

oder, da $z_2 = (2z - z_1)$ ist:

$$x_2 \geqq (2z - z_1) \cdot \left[2 \cdot \sqrt{\left(\frac{h}{2z - z_1}\right)^2 + \frac{h}{2z - z_1}} \right.$$
$$\left. - \text{arc tg } 2 \cdot \sqrt{\left(\frac{h}{2z - z_1}\right)^2 + \frac{h}{2z - z_1}} \right].$$

Es ist demnach $2z \cdot (\text{tg}\alpha - \alpha) + \pi$ größer zu wählen, als dem Werte $(x_1 + x_2)$ entspricht, wenn die zu x_1 und x_2 gehörenden Zähne spitz sind.

Wenn wir nun annehmen, daß sämtliche Räder mit den Zähnezahlen

$$z_1 = z_a \dots \dots \dots \dots z \dots \dots \dots (2z - z_a)$$
$$z_2 = (2z - z_a) \dots \dots z \dots \dots \dots z_a$$

außer einer gleichen Zahnhöhe auch noch spitze Zähne besitzen, so liegen die Zahnstärken auf Grund der Spitzengleichung fest, und es wird einen Fall geben, wo zwei zusammengehörige Zähnezahlen $(z_1 + z_2) = z_1 + (2z - z_1)$ eine Gesamtzahnstärke $(x_1 + x_2)$ aufweisen, die einen Größtwert darstellt.

Dann muß $2z \cdot (\text{tg}\alpha - \alpha) + \pi$ noch größer sein, als diesem Größtwert entspricht.

Bei welchen zusammenarbeitenden Zähnezahlen $z_1 + (2z - z_1)$ liegt dieser Größtwert?

Der Übersicht wegen setzen wir in den obengenannten „Spitzengleichungen"

$$2 \cdot \sqrt{\left(\frac{h}{z_1}\right)^2 + \frac{h}{z_1}} = u \quad \text{und} \quad 2 \cdot \sqrt{\left(\frac{h}{2z - z_1}\right)^2 + \frac{h}{2z - z_1}} = v,$$

so daß also wird:

$$x_1 + x_2 = z_1 \cdot (u - \text{arc tg } u) + (2z - z_1) \cdot (v - \text{arc tg } v).$$

Aus $\dfrac{d(x_1 + x_2)}{dz_1} = 0$ ergibt sich der ausgezeichnete Wert:

$$z_1 = z.$$

Nähern Aufschluß über die Art dieses Wertes gibt die zweite Ableitung, aus der hervorgeht, daß $\dfrac{d^2(x_1 + x_2)}{dz_1{}^2}$ für $z_1 = z$ größer als Null wird. Daraus ist zu schließen, daß bei $z_1 = z_2 = z$ der Kleinstwert für $(x_1 + x_2)$ liegt, und daß sich beim Zusammenarbeiten der Räder mit den Zähnezahlen $z_a + (2z - z_a)$ ein relativer Größtwert befindet.

Bei jeder im System vorkommenden Verzahnung mit einer Gesamtzähnezahl $2z$ der beiden eingreifenden Räder muß der Eingriffswinkel α größer sein, als die „Spitzengrenzgleichung“: $\operatorname{tg}\alpha - \alpha = \dfrac{x_1 + x_2 - \pi}{2 \cdot z}$ ergibt, wenn x_1 die zu z_a und x_2 die zu $(2z - z_a)$ gehörende und aus der Spitzengleichung $\dfrac{x}{z} = f\!\left(\dfrac{h}{z}\right)$ zu ermittelnde geringste Zahnstärke bedeutet, damit man die Gewähr hat, daß kein Satzrad überspitze Zähne aufweist.

f) Die für Satzräder erforderliche Mindestfußtiefe.

Bei zwei zusammenarbeitenden Rädern mit gleicher Zahnhöhe h ist auch die erforderliche Fußtiefe gleich, wie aus der auf S. 13 abgeleiteten Formel:

$$f = h - \frac{z_1 + z_2}{2} \cdot \left(\frac{1}{\cos\alpha} - 1\right)$$

hervorgeht.

Bei den hier betrachteten Systemen ist sogar für alle Verzahnungen mit der Gesamtzähnezahl $2z = (z_1 + z_2)$ die Fußtiefe f, die für das Freigehen des Gegenzahnes in der Zahnlücke erforderlich ist, dieselbe, da $\cos\alpha$ nur von $(z_1 + z_2)$ abhängt. Hierbei können z_1 und z_2 alle Werte von z_a bis $(2z - z_a)$ bzw. von $(2z - z_a)$ bis z_a durchlaufen. Zur numerischen Bestimmung von f fehlt bei bekanntem h nur noch eine Beziehung zwischen z und dem Eingriffswinkel α, die jedoch durch die Schneidstahlgleichung

$$z \cdot (\operatorname{tg}\alpha - \alpha + a) = b - \frac{\pi}{2}$$

(s. S. 34) gefunden werden kann.

Wir verwenden die Gleichung in der Form:

$$z \cdot (\operatorname{tg}\alpha - \alpha + a) = c,$$

wo $c = b - \dfrac{\pi}{2}$ gesetzt ist.

Es wird daher:

$$f = h - \frac{c}{\operatorname{tg}\alpha - \alpha + a} \cdot \left(\frac{1}{\cos\alpha} - 1\right).$$

f besitzt einen aus $\dfrac{df}{d\alpha} = 0$ zu ermittelnden ausgezeichneten Wert, wenn

$\alpha - \sin \alpha = a$ ist. Da die zweite Ableitung hiermit $\dfrac{d^2 f}{d\alpha^2} > 0$ wird, so ist der gefundene Wert $\alpha - \sin \alpha = a$ ein Kleinstwert. Diese Beziehung gibt einen guten Anhalt zur Bestimmung der für Satzräder erforderlichen Fußtiefe. Zwar sagt die Gleichung $\alpha - \sin \alpha = a$ nur über die Lage des Kleinstwertes von f etwas aus, während die erforderliche Fußtiefe sich nach dem Größtwert zu richten hat. Aber da die Funktion von f stetig ist, so sind die größten Werte von f schließlich bei Verzahnungen mit größter oder kleinster Gesamtzähnezahlensumme zu finden.

Für Satzrädersysteme mit unveränderlicher Fußtiefe und auch solchen mit ausgeschnittenen Zahnwurzeln sind daher die für die Anfangs- oder Endräder erforderlichen Fußtiefen als Mindestfußtiefen allen Satzrädern zugrunde zu legen.

Obschon hiermit die Aufgabe, die notwendige Mindestfußtiefe für ein System festzustellen, gelöst ist, sei zu dem oben gefundenen Kleinstwert, der bei einem Eingriffswinkel α gemäß der Beziehung $\alpha - \sin \alpha = a$ liegt, noch folgendes bemerkt:

Bei Systemen mit unveränderlicher Fußtiefe war $a = \alpha_s - \sin \alpha_s$ (s. S. 33). Wenn nun die für das Anfangs- oder Endrad notwendige Fußtiefe allen Rädern des Systems zugrunde gelegt ist, so stellt sich das größte Fußkreisspiel bei allen Verzahnungen ein, deren Eingriffswinkel gleich dem Schneidstahlwinkel ist.

Bei Systemen mit ausgeschnittenen Zahnwurzeln liegt dagegen das größte Fußkreisspiel bei gewissen Verzahnungen mit größerm Eingriffswinkel als dem Schneidstahlwinkel, weil hier nach der Schneidstahlgleichung $a = \alpha_s - \sin \alpha_s \cdot \cos \alpha_s$ ist.

2. Verfahren zur Ermittlung von Satzrädersystemen mit unveränderlicher Zahnhöhe.

Durch den vorhergehenden Teil der Untersuchungen ist eine Übersicht über die Grenzbedingungen, innerhalb deren sich die Satzrädersysteme bewegen müssen, gegeben worden.

Durch ein geeignetes Zusammenfassen der Grenzbedingungen lassen sich „Grenzbereiche" bilden, in denen alle praktisch möglichen Satzräderverzahnungen enthalten sind.

Es bedarf dann nur noch einer Ermittlung, wie das Werkzeug, der Zahnstangenstahl, zu formen, und wie seine Wälzbewegung zu leiten ist, damit die von ihm geschnittenen Verzahnungen in den erwähnten Bereichen liegen.

Ein Satzrädersystem soll in unsern folgenden Betrachtungen dann als vollständig bestimmt gelten, wenn außer der Form des Zahnstangenstahls noch angegeben werden kann, bei welchen zusammenarbeitenden

Zähnezahlen sich Unterschnittgefahr einstellt, die Eingriffsdauer gefährdet ist oder überspitze Zähne entstehen, und ferner, wie hoch die Endzähnezahl des Systems ist.

Es ist sehr umständlich, den eben in allgemeinen und groben Zügen gekennzeichneten Gang der Untersuchungen rechnerisch allein erfassen zu wollen. Es empfiehlt sich vielmehr, zeichnerische und auf Näherungslösungen beruhende Methoden zu Hilfe zu nehmen.

Im folgenden soll ein zum Ziel führendes Verfahren beschrieben und an Beispielen gezeigt werden.

a) Der Grenzbereich.

Wir untersuchen die Satzrädersysteme, die mit der Zähnezahl z_a anfangen und eine unveränderliche Zahnhöhe h haben. h sei eine Zahnhöhe, die für z_a möglich ist; sie liege also in den auf S. 28 und in Abb. 17 festgelegten Grenzen. Wir fassen nun alle die Verzahnungen von zwei Rädern, deren Zähnezahlensumme $2z$ beträgt, zusammen und wenden darauf die Unterschnittgrenzgleichung:

$$z \cdot \operatorname{tg} \alpha_u \geqq \sqrt{h^2 + h \cdot (2z - z_a)},$$

bzw.
$$z \cdot \operatorname{tg} \alpha_u \geqq \frac{h}{2\varkappa} + \frac{\varkappa}{2} \cdot (2z - z_a + h) \qquad \text{(s. S. 36)}$$

an, die die Mindestgröße des Eingriffswinkels angibt.

Hierbei ist jedoch noch keine Gewähr vorhanden, daß die Zähne mancher Räder nicht überspitz ausfallen, wenn nicht der kleinste noch zulässige Eingriffswinkel auch so gewählt wird, daß die Spitzengrenzgleichung:

$$\operatorname{tg} \alpha_p - \alpha_p \geqq \frac{x_1 + x_2 - \pi}{2z} \qquad \text{(s. S. 40)}$$

erfüllt ist, worin zu wählen ist:

$$x_1 = z_a \left[2 \sqrt{\left(\frac{h}{z_a}\right)^2 + \frac{h}{z_a}} - \operatorname{arc\,tg} 2 \cdot \sqrt{\left(\frac{h}{z_a}\right)^2 + \frac{h}{z_a}} \right],$$

$$x_2 = (2z - z_a) \left[2 \sqrt{\left(\frac{h}{2z - z_a}\right)^2 + \frac{h}{2z - z_a}} \right.$$

$$\left. - \operatorname{arc\,tg} 2 \cdot \sqrt{\left(\frac{h}{2z - z_a}\right)^2 + \frac{h}{2z - z_a}} \right].$$

Der Eingriffswinkel α darf ferner nicht zu groß gemacht werden; sonst besteht die Gefahr, daß beim Kämmen zweier Räder der Eingriff des einen Zahnpaares beendet ist, bevor der Eingriff des nächsten Paares zustande kommt. Hierüber ist auf S. 11 Näheres berichtet, und auf S. 38 als maßgebend befunden worden die Eingriffsgrenzgleichung:

$$z \cdot \operatorname{tg} \alpha_e \leqq \sqrt{h^2 + h \cdot (2z - z_a)} + \sqrt{h^2 + h \cdot z_a} - \pi \tau_{\min}.$$

In dieser Gleichung ist $\tau_{\min}$, wie auf S. 12 angedeutet, als ein durch die Erfahrung gegebener oder durch Versuch ermittelter Wert für die kleinste zulässige Eingriffsdauer anzusehen. Unsern rechnerischen Betrachtungen liegt $\tau_{\min} = 1$ zugrunde. Ferner ist $\sqrt{h^2 + h \cdot z_a}$ ein über die zu untersuchenden Satzrädersysteme festbleibender Wert. Der Übersicht halber ist im folgenden

$$\sqrt{h^2 + h \cdot z_a} - \pi \tau_{\min} = d$$

und
$$z \cdot \operatorname{tg} \alpha_e \lesseqgtr \sqrt{h^2 + h \cdot (2z - z_a)} + d$$

gesetzt.

Durch die Unterschnitt-, Spitzen- und Eingriffsgrenzgleichungen ist ein Bereich, in dem alle möglichen Satzrädersysteme liegen, bestimmt, der für jedes z_a und h rechnerisch ermittelt werden kann, indem für z fortlaufend alle Zahlenwerte von z_a an eingesetzt werden.

Es ist bei den hier zu untersuchenden Systemen nicht nötig, die Gleichungen bis zu $z = \infty$ zu verfolgen. Die Berechnung der Spitzengrenzgleichung wird am zweckmäßigsten beim Zusammentreffen mit der Unterschnittgrenzgleichung abgebrochen. Die Unterschnitt- und die Eingriffsgrenzgleichung in der Form:

$$z \cdot \operatorname{tg} \alpha_u = \sqrt{h^2 + h \cdot (2z - z_a)}$$

und
$$z \cdot \operatorname{tg} \alpha_e = \sqrt{h^2 + h \cdot (2z - z_a)} + d$$

schneiden sich nicht. Die Berechnung dieser Gleichungen braucht nur soweit geführt zu werden, bis α kleiner als der Eingriffswinkel wird, unter dem das Rad mit der Anfangszähnezahl noch arbeiten kann.

Die Abmessungen des Anfangsrades liegen sicher zwischen

$$z_a \cdot \operatorname{tg} \alpha_u = \sqrt{h^2 + h \cdot z_a}$$

und
$$z_a \cdot \operatorname{tg} \alpha_e = \sqrt{h^2 + h \cdot z_a} + d \, .$$

Die entsprechenden Zahndicken sind zu ermitteln im einen Falle aus

$$z_a \cdot (\operatorname{tg} \alpha_u - \alpha_u) = x_u - \frac{\pi}{2} \, ,$$

im andern Falle aus

$$z_a \cdot (\operatorname{tg} \alpha_e - \alpha_e) = x_e - \frac{\pi}{2} \, .$$

Das Anfangsrad kann demnach noch mit Eingriffswinkeln arbeiten, die zwischen

$$\alpha_{u\min} \gtreqless \frac{\pi - x_u}{z_a} \qquad \text{und} \qquad \alpha_{e\min} \gtreqless \frac{\pi - x_e}{z_a}$$

liegen (s. S. 15). $\alpha_{e\min}$ ergibt den kleinsten Eingriffswinkel. Es genügt daher, die Unterschnitt- und Eingriffsgrenzgleichung bis zu der $\alpha_{e\min}$ entsprechenden Zähnezahl z zu verfolgen, die sich ergibt aus

$$z \cdot \mathrm{tg}\, \alpha_{e\min} \leqq \sqrt{h^2 + h \cdot (2\,z - z_a)} + d\,.$$

Durch Auflösen dieser Gleichung nach z ergibt sich:

$$z = \frac{h + d \cdot \mathrm{tg}\, \alpha_{e\min} + \sqrt{h \cdot [h + 2 \cdot d \cdot \mathrm{tg}\, \alpha_{e\min} - (z_a - h)\,\mathrm{tg}^2\, \alpha_{e\min}]}}{\mathrm{tg}^2\, \alpha_{e\min}}\,.$$

Bei dieser Zähnezahl kann die rechnerische Bearbeitung der Grenzgleichungen für Unterschnitt und Eingriffsdauer abgebrochen werden.

Es sei darauf aufmerksam gemacht, daß z nicht etwa als gleichbedeutend mit der Endzähnezahl der Systeme anzusehen ist. Die Ermittlung der eigentlichen Endzähnezahl der Systeme bedarf noch einer besondern Betrachtung.

b) Die Gleichung des Schneidstahls und ihre Beziehung zu den Grenzgleichungen.

Die hier zu erörternden zwei Arten von Satzrädersystemen mit unveränderlicher Zahnhöhe und gleichbleibender Fußtiefe bzw. ausgeschnittenen Zahnwurzeln sollen im Abwälzverfahren mit einem Schneidstahl hergestellt werden, dessen Gleichung, wie auf S. 34 abgeleitet, von der Form:

$$z \cdot (\mathrm{tg}\, \alpha - \alpha + a) = b - \frac{\pi}{2}$$

ist.

Die Festwerte a und b sollen nun so beschaffen sein, daß der Eingriffswinkel α bei jedem z innerhalb der durch die Unterschnitt-, Spitzen- und Eingriffsgrenzgleichung festgelegten α-Werte liegt.

Wie weit und unter welchen Bedingungen dies möglich ist, veranschaulicht am besten die zeichnerische Darstellung. Hierbei ist es von Vorteil, daß für die Schneidstahlgleichung eine solche Form gefunden werden kann, daß sich die graphischen Untersuchungen durch Anwendung eines geeigneten Koordinatensystems außerordentlich vereinfachen.

Wir kleiden die Schneidstahlgleichung in die Form:

$$\mathrm{tg}\, \alpha - \alpha = \left(b - \frac{\pi}{2}\right) \cdot \frac{1}{z} - a$$

und sehen, daß diese Form in einem rechtwinkligen Koordinatensystem mit $(\mathrm{tg}\, \alpha - \alpha)$ als Ordinate und $\left(\dfrac{1}{z}\right)$ als Abszisse eine gerade Linie, die „Schneidstahlgerade" darstellt.

Die Grenzgleichungen lassen sich durch eine Tafel (tg $\alpha - \alpha$) $= F(\alpha)$ leicht umrechnen und als „Unterschnitt-", „Spitzen-" und „Eingriffsgrenzkurve" in das genannte Koordinatensystem eintragen, wie es in Abb. 20 an einem Beispiel dargestellt ist.

Jede Gerade, die in den von diesen Kurven gebildeten „Grenzkurvenbereich" gelegt werden kann, läßt sich als Schneidstahlgerade auffassen und ist dann zugleich der zeichnerische Ausdruck für das Satzrädersystem, das mit dem durch die Gerade festgelegten Schneidstahl im Abwälzverfahren hergestellt werden kann. Aus der Gleichung dieser

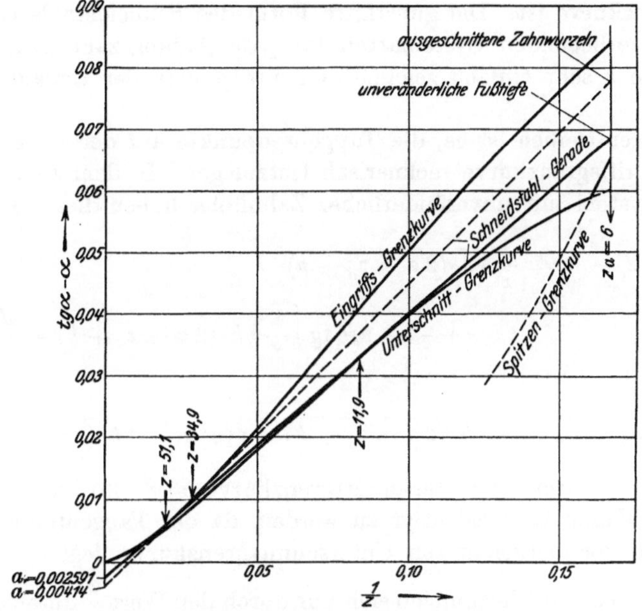

Abb. 20. Grenzkurvenbereich für $z_a = 6$ und $h = 1{,}7$.

Geraden lassen sich nicht nur sämtliche Abmessungen des Schneidstahls und der Zahnstange, sondern auch die Zahnabmessungen sämtlicher Satzräder des Systems und ihre Eingriffswinkel miteinander ermitteln. Außerdem ist der Zähnezahlenumfang des Systems durch die Schnittpunkte der Geraden mit denjenigen Grenzkurven bestimmt, wo sie den Grenzkurvenbereich verläßt. Je näher der Austrittspunkt dem Koordinatenanfangspunkt rückt, um so größer ist die Endzähnezahl des Systems.

Die Grenzkurven haben bei Systemen mit unveränderlicher Zahnhöhe durchweg den in Abb. 20 dargestellten Verlauf. Es ist daher nicht möglich, eine Gerade so zu legen, daß sie von $\left(\dfrac{1}{z_a}\right)$ bis $\left(\dfrac{1}{\infty}\right)$ im Grenzkurvenbereich verbleibt. Dementsprechend sind auch keine Satzrädersysteme vorhanden, die alle Zähnezahlen von z_a bis $z = \infty$ fortlaufend aufweisen. Da es, wie auf S. 24 und 27 angegeben, unser Bestreben ist, daß die Satzrädersysteme eine möglichst hohe Endzähnezahl aufweisen sollen, so muß die Schneidstahlgerade in dem Grenzkurvenbereich derart verlaufen, daß sie bei einem recht kleinen $\left(\dfrac{1}{z}\right)$ aus dem Grenzkurvenbereich hinaustritt.

Aus der Abb. 20 ist ersichtlich, daß dies dann der Fall ist, wenn die Schneidstahlgerade gemeinsame Tangente der Unterschnitt- und Eingriffsgrenzkurve ist. Die günstigste Form des Schneidstahls ist daher für die vorliegenden Systemarten für jede Anfangszähnezahl z_a und Zahnhöhe h sehr einfach zeichnerisch mit genügender Genauigkeit zu ermitteln.

Sicherer freilich ist es, die Tangentenpunkte auf der Unterschnitt- und Eingriffsgrenzkurve rechnerisch festzulegen. In dem zugrunde gelegten System mit unveränderlicher Zahnhöhe haben diese die Form:

$$\operatorname{tg} \alpha_e - \alpha_e = \frac{1}{z}\,\sqrt{h\cdot(2\,z - z_a + h)}$$
$$+ \frac{d}{z} - \operatorname{arc\,tg}\left[\frac{1}{z}\,\sqrt{h\cdot(2\,z - z_a + h)} + \frac{d}{z}\right]$$

bzw.

$$\operatorname{tg} \alpha_u - \alpha_u = \frac{1}{z}\,\sqrt{h\cdot(2\,z - z_a + h)} - \operatorname{arc\,tg}\frac{1}{z}\cdot\sqrt{h\cdot(2\,z - z_a + h)}.$$

(Die andere Form der Unterschnittgrenzkurve (s. S. 36) braucht nur in seltenen Fällen berücksichtigt zu werden, da der Tangentenpunkt zumeist auf der erstgenannten Unterschnittgrenzkurve liegt.)

Da die beiden Gleichungen sich nur durch den Wert $\dfrac{d}{z}$ unterscheiden, so genügt es, die folgende Rechnung zur Ermittlung der Tangentengleichung, die dann auch zugleich die Gleichung des Schneidstahls ist, nur für die Eingriffsgrenzkurve durchzuführen. Wird hernach $d = 0$ gesetzt, so gilt das Ergebnis auch für die Unterschnittgleichung.

Beide Gleichungen sind von der Art:

$$\operatorname{tg} \alpha - \alpha = v - \operatorname{arc\,tg} v.$$

Den Richtungsunterschied der Tangente in irgend einem Punkte der Kurven erhält man durch Differenzieren:

$$d\,(\operatorname{tg}\alpha - \alpha) = dv - \frac{dv}{1 + v^2} = dv\cdot\frac{v^2}{1 + v^2}.$$

Es werde gesetzt: $\dfrac{1}{z} = x$; dann ist:

$$dv = \frac{x \cdot 2 \cdot h \cdot \dfrac{-1}{x^2}}{2\sqrt{h \cdot \left(\dfrac{2}{x} - z_a + h\right)}} \cdot dx + \left[\sqrt{h \cdot \left(\dfrac{2}{x} - z_a + h\right)} + d\right] \cdot dx,$$

$$dv = \left(\frac{-h}{v - x \cdot d} + \frac{v}{x}\right) \cdot dx,$$

$$\frac{d\,(\operatorname{tg}\alpha - \alpha)}{dx} = \left(z \cdot v - \frac{h}{v - \dfrac{d}{z}}\right) \cdot \frac{v^2}{1 + v^2}.$$

Dies ergibt für die Eingriffsgrenzkurve:

$$\frac{d\,(\operatorname{tg}\alpha_e - \alpha_e)}{d\left(\dfrac{1}{z_e}\right)} = \left(z \cdot \operatorname{tg}\alpha_e - \frac{h}{\operatorname{tg}\alpha_u}\right) \cdot \frac{\operatorname{tg}^2\alpha_e}{1 + \operatorname{tg}^2\alpha_e}$$

und für die Unterschnittgrenzkurve:

$$\frac{d\,(\operatorname{tg}\alpha_u - \alpha_u)}{d\left(\dfrac{1}{z_u}\right)} = (z \cdot \operatorname{tg}^2\alpha_u - h) \cdot \frac{\operatorname{tg}\alpha_u}{1 + \operatorname{tg}^2\alpha_u}.$$

Die Gleichung einer Tangente an die Eingriffsgrenzkurve hat die Form:

$$\operatorname{tg}\alpha - \alpha = \frac{d\,(\operatorname{tg}\alpha_e - \alpha_e)}{d\left(\dfrac{1}{z_e}\right)} \cdot \frac{1}{z} - n_e.$$

Dem entspricht für die Unterschnittgrenzkurve:

$$\operatorname{tg}\alpha - \alpha = \frac{d\,(\operatorname{tg}\alpha_u - \alpha_u)}{d\left(\dfrac{1}{z_u}\right)} \cdot \frac{1}{z} - n_u.$$

Soll eine Tangente beiden Kurven gemeinsam sein, so muß die Beziehung bestehen:

$$\frac{d\,(\operatorname{tg}\alpha_e - \alpha_e)}{d\left(\dfrac{1}{z_e}\right)} = \frac{d\,(\operatorname{tg}\alpha_u - \alpha_u)}{d\left(\dfrac{1}{z_u}\right)} \qquad \text{und} \qquad n_e = n_u.$$

In unserm Fall wird die Tangente wohl am einfachsten gefunden, indem die Differentialkurve $\dfrac{d\,(\operatorname{tg}\alpha - \alpha)}{d\left(\dfrac{1}{z}\right)}$ sowie der Wert n für eine angemessene Zahl von Punkten der Eingriffs- und Unterschnittgrenzkurve ermittelt und als $\dfrac{d\,(\operatorname{tg}\alpha - \alpha)}{d\left(\dfrac{1}{z}\right)} = f(n)$ in einem rechtwinkligen Koordinatensystem aufgetragen wird. Die Koordinaten des Schnittpunktes der

Kurve $\dfrac{d\,(\operatorname{tg}\alpha_e - \alpha_e)}{d\left(\dfrac{1}{z_e}\right)} = f(n_e)$ mit der Kurve $\dfrac{d\,(\operatorname{tg}\alpha_u - \alpha_u)}{d\left(\dfrac{1}{z_u}\right)} = f(n_u)$ er-

geben dann die Richtungskonstante und den Abschnitt n auf der Ordinate für die Schneidstahlgerade.

Die Tangentenpunkte der Eingriffs- und Unterschnittgrenzkurve lassen sich dann aus der gefundenen Richtungskonstante $\dfrac{d\,(\operatorname{tg}\alpha - \alpha)}{d\left(\dfrac{1}{z}\right)}$ und den Grenzkurvengleichungen bestimmen.

c) Schneidstahlwinkel und Endzähnezahl.

Wie bereits auf S. 45 erwähnt, sind alle im Koordinatensystem $(\operatorname{tg}\alpha - \alpha)$, $\left(\dfrac{1}{z}\right)$ durch den Grenzkurvenbereich laufenden Geraden (s. Abb. 20) der Ausdruck für Satzrädersysteme, bei denen die Abmessungen und Eigenschaften jedes Satzrades bestimmt sind. So können die Eingriffswinkel zweier zusammenarbeitender Satzräder der Schneidstahlkurve unmittelbar entnommen werden. Die Zahndicken lassen sich aus der Grundgleichung bestimmen. Auch die Bemessung der Fußtiefe bietet, wie weiter unten gezeigt wird, keine besondern Schwierigkeiten, und der Schneidstahlwinkel α_s ist aus der Beziehung bekannt, daß das von der Schneidstahlgeraden auf der Ordinate abgeschnittne Stück a gleich $(\alpha_s - \sin\alpha_s)$ bei Systemen mit unveränderlicher Fußtiefe und gleich $(\alpha_s - \sin\alpha_s \cos\alpha_s)$ bei Systemen mit ausgeschnittenen Zahnwurzeln ist. Mit dem Schneidstahlwinkel sind auch die andern Abmessungen des Schneidstahles sowie die der Zahnstange zu finden.

Wie im vorigen Abschnitt gezeigt wurde, gibt es eine für eine hohe Endzähnezahl günstige Lage der Schneidstahlgeraden. Hierbei ist jedoch zu beachten, daß der Schneidstahlwinkel α_s nicht kleiner werden darf, als der Zahnlücke des Anfangsrades z_a entspricht (s. S. 15).

Der Endzähnezahl sind in diesem Zusammenhange noch einige Betrachtungen zu widmen. Zunächst wird man die Endzähnezahl dort vermuten, wo die Schneidstahlkurve den Grenzkurvenbereich verläßt, bzw. eine der Grenzkurven schneidet. Im allgemeinen kreuzt die Schneidstahlkurve die Unterschnittkurve am Austrittspunkt aus dem Grenzkurvenbereich. Gesetzt den Fall, der Schnittpunkt liege bei z', so bedeutet dies, daß alle mit dem Schneidstahl geschnittenen Räder mit genügender Eingriffsdauer und ohne Unterschnittgefahr zusammenarbeiten, solange die Summe der zusammenarbeitenden Zähnezahlen kleiner oder höchstens gleich $2z'$ ist.

Die Summe der Zähnezahlen $2z'$ kann sich aus $z' + z'$ Zähnen zusammensetzen; aber auch durch stetige Vermehrung des einen Summanden und entsprechende Verminderung des andern im Grenzfall aus $(2z' - z_a) + z_a$ zusammengesetzt sein. Dieser letzte Fall ist für die Bestimmung der Unterschnittgrenzkurve, wie auf S. 36 abgeleitet, maßgebend, weil er sich bei der zusammenarbeitenden Zähnezahlensumme $2z'$ als der ungünstigste hinsichtlich der Unterschnittgefahr erweist.

Die Verzahnung $z' + z'$ ist also noch unterschnittfrei und z' ist noch nicht die Endzähnezahl unserer Systeme. Die Endzähnezahl ist vielmehr da zu suchen, wo zwei zusammenarbeitende Räder mit der gleichen Zähnezahl $z_m + z_m$ gerade an der Grenze der Unterschnittgefahr stehen.

Dies ist für Systeme mit ausgeschnittenen Zahnwurzeln dann der Fall, wenn

$$z_m \cdot \operatorname{tg} \alpha_m = \sqrt{h^2 + h \cdot z_m},$$

und bei Systemen mit unveränderlicher Fußtiefe dann, wenn

$$z_m \cdot \operatorname{tg} \alpha_m - (z_m - z_a) \cdot \frac{\varkappa}{2} = \sqrt{h^2 + h \cdot z_m}$$

ist (s. S. 35).

Selbstverständlich müssen z_m und α_m die Schneidstahlgleichung erfüllen.

Es sei darauf aufmerksam gemacht, daß für Systeme mit unveränderlicher Fußtiefe obige Gleichung nur so lange gilt, als z_m kleiner als $h \cdot \left(\frac{1}{\varkappa^2} - 1\right)$ ausfällt, da sonst, wie auf S. 36 auseinandergesetzt, das Rad mit der Zähnezahl $\cdot h\left(\frac{1}{\varkappa^2} - 1\right)$ für die Unterschnittgefahr maßgebend ist, und die Endzähnezahl aus $z_m \cdot \operatorname{tg} \alpha_m \geqq \dfrac{h}{2\varkappa} + \dfrac{\varkappa}{2} \cdot (2 z_m - z_a + h)$ und der Schneidstahlgleichung besonders bestimmt werden muß.

Die Fußtiefe der Satzräder und die Größe der Abrundung am Schneidstahl sind nach folgenden Gesichtspunkten zu wählen: Der geradflankige Teil des Schneidstahls (Abb. 16) erfordert eine ganz bestimmte Fußtiefe, damit die zu schneidende Zahnflanke weit genug als Evolvente ausgeschnitten wird, ohne daß jedoch die Zahnwurzel unterschnitten ausfällt. Bei Systemen mit ausgeschnittenen Zahnwurzeln hat jedes Satzrad bis zum Grundkreis reichende Evolventenflanken, und der geradflankige Teil des Schneidstahls braucht zu ihrer Herstellung die Fußtiefe $f_s = \frac{1}{2} z \cdot (1 - \cos \alpha_s)$. Bei Systemen mit unveränderlicher Fußtiefe kann dem geradflankigen Teil des Schneidstahls keine größere Fußtiefe in allen Satzrädern zugestanden werden, als $f_s = \frac{1}{2} z_a \cdot (1 - \cos \alpha_s)$; sonst erhält das Anfangsrad unterschnittene Zähne.

Die Fußtiefe eines Satzrades hängt aber nicht allein davon ab, daß der Schneidstahl zum Herstellen der Flanken tief genug in den Grundkreis einzutauchen vermag, sondern auch, wie auf S. 40 gezeigt, davon, welchen Platz die Gegenräder in der Zahnlücke erfordern. Ist die hierzu nötige Fußtiefe: $f_z = h - z \cdot \left(\dfrac{1}{\cos \alpha} - 1 \right)$ größer als f_s, so muß dem Schneidstahl eine Abrundung (s. S. 21) von der Größe $f_z - f_s$ gegeben werden, die sich an den geradflankigen Teil anschließt; und zwar ist der größte im System auftretende Wert f_z (s. S. 41) für diese Abrundung und für die schließlichen Fußtiefen maßgebend.

3. Beispiele für die Ermittlung von Satzrädersystemen mit unveränderlicher Zahnhöhe.

a) Unveränderliche Fußtiefe.

Es sei die Aufgabe gestellt, diejenigen Satzrädersysteme zu suchen, die mit der Zähnezahl $z_a = 6$ beginnen und die unveränderliche Zahnhöhe $h = 1{,}7$ aufweisen. Für das Anfangsrad (z_a) sei ferner vorausgesetzt, daß seine Evolventenflanken bis zum Grundkreis ausgeschnitten seien.

Abb. 17 zeigt, daß die Zahnhöhe $h = 1{,}7$ in dem Gebiete der für die Anfangszähnezahlen $z_a = 6$ möglichen Zahnhöhen liegt, das von $h = 1{,}35$ bis $h = 1{,}85$ reicht.

Wir ermitteln, bevor wir die Eingriffs- und die Unterschnittgrenzkurve berechnen, den Unterschied d dieser beiden Kurven:

$$d = \sqrt{h \cdot (h + z_a)} - \pi \tau_{\min}.$$

Für $\tau_{\min} = 1{,}0$ ist $d = 0{,}4764$.

Für die Berechnung der Eingriffs- und Unterschnittgrenzpunkte sowie der Spitzengrenzpunkte sind alle erforderlichen Werte der Größe nach bekannt, so daß für jede Zähnezahl die Beziehungen $(\operatorname{tg} \alpha_e - \alpha_e)$ und $(\operatorname{tg} \alpha_u - \alpha_u)$ sowie $(\operatorname{tg} \alpha_p - \alpha_p)$, wie auf S. 42—44 angegeben, gefunden werden können.

Um die Rechnung nicht unnötig weit auszudehnen, empfiehlt es sich, den Wert z aufzusuchen, bei dem die Berechnung abgebrochen werden kann (s. S. 44). Hierzu braucht man folgende zu $z_a = 6$ gehörenden Werte:

$$\operatorname{tg} \alpha_e - \alpha_e = 0{,}08359$$

$$\pi - x_e = \frac{\pi}{2} - z_a (\operatorname{tg} \alpha_e - \alpha_e) = 1{,}06926$$

$$\alpha_{e\,\min} = \frac{\pi - x_e}{z_a} = 0{,}17821 \text{ entspr. } 10^0 12{,}7'$$

$$\operatorname{tg} \alpha_{e\,\min} = 0{,}18014$$

$$\operatorname{tg}^2 \alpha_{e\,\min} = 0{,}03245.$$

z wird dann auf Grund der auf S. 44 angegebenen Formel gleich 108.

Da für die zeichnerische Darstellung der Grenzbereiche die Größe $\frac{1}{z}$ als Abszisse erscheinen soll, so ist es zweckmäßig, der Berechnung eine ungefähr geometrisch abgestufte Reihe für die Zähnezahlen zugrunde zu legen, um eine gute Verteilung der Kurvenpunkte zu erzielen, also etwa: $z = 6 - 9 - 12 - 18 - 25 - 36 - 52 - 76 - 110$.

Für diese Zähnezahlen sind in der Liste auf S. 52 die Grenzkurvenpunkte berechnet und in Abb. 20 zeichnerisch aufgetragen. Durch Verbinden der zusammengehörenden Punkte entsteht der Grenzkurvenbereich.

Jede durch den Bereich laufende Gerade verkörpert ein mit einem Schneidstahl herstellbares Satzrädersystem, soweit sie im Bereich verbleibt. Das System, das die größte Endzähnezahl aufweist, ist als die gemeinsame Tangente an die Unterschnitt- und an die Eingriffsgrenzkurve gekennzeichnet. Zur angenäherten Ermittlung dieser Tangente sind in der Liste auf S. 52 die Werte $\dfrac{d\,(\operatorname{tg}\alpha_e - \alpha_e)}{d\left(\dfrac{1}{z_e}\right)}$ und $\dfrac{d\,(\operatorname{tg}\alpha_u - \alpha_u)}{d\left(\dfrac{1}{z_u}\right)}$ sowie die zugehörigen Größen n_e und n_u nach der auf S. 47 angegebenen Gleichung für die obengenannten Zähnezahlen bestimmt worden. Zeichnet man sich mit diesen Werten die beiden Differentialkurven $\dfrac{d\,(\operatorname{tg}\alpha_e - \alpha_e)}{d\left(\dfrac{1}{z_e}\right)} = f(n_e)$ und $\dfrac{d\,(\operatorname{tg}\alpha_u - \alpha_u)}{d\left(\dfrac{1}{z_u}\right)} = f(n_u)$ auf, so erhält man einen Schnittpunkt der beiden bei:

$$\frac{d\,(\operatorname{tg}\alpha_e - \alpha_e)}{d\left(\dfrac{1}{z_e}\right)} = \frac{d\,(\operatorname{tg}\alpha_u - \alpha_u)}{d\left(\dfrac{1}{z_u}\right)} = 0{,}42604$$

und
$$n_e = n_u = 0{,}002591.$$

Diesem Wertepaar ist aus der Unterschnittgrenzkurve die Zähnezahl $z_u = 11{,}93$ und aus der Eingriffsgrenzkurve die Zähnezahl $z_e = 51{,}1$ zugeordnet.

Will man die durch Unterschnitt oder im Eingriff gefährdeten Räderpaare wissen, so ist zu bedenken, daß z_e und z_u die halbe Summe der zusammenarbeitenden Zähnezahlen bedeuten, und daß die Gefahr dann auftritt, wenn das Rad mit der Anfangszähnezahl das eine der gepaarten Räder ist.

Unterschnittgefahr besteht demnach bei

$$6 + z_2 = 2z_u = 2 \cdot 11{,}93, \text{ also bei } 6 + 18 \text{ Zähnen,}$$

Gefährdung der Eingriffsdauer bei

$$6 + z_2 = 2z_e = 2 \cdot 51{,}1, \text{ also bei } 6 + 96 \text{ Zähnen.}$$

4*

Werte zur Ermittlung der Grenzkurven und ihrer Differentialkurven für $z_a = 6$ und $h = 1,7$, unveränderliche Zahnhöhen und Fußtiefen.

z	halbe Zähnezahlensumme zweier zusammenarbeitender Räder	6	9	12	18	25	36	52	76	110
$1:z$		0,1667	0,1111	0,0833	0,0556	0,0400	0,0278	0,0192	0,0132	0,00909
$\operatorname{tg}\alpha_u$	$=\sqrt{\dfrac{h\cdot(2z-z_a+h)}{z}}$	0,6030	0,5362	0,4823	0,4078	0,3526	0,2980	0,2504	0,2085	0,1741
$\operatorname{tg}\alpha_u - \alpha_u$		0,06038	0,04402	0,03291	0,02058	0,01360	0,00838	0,00504	0,00295	0,00173
$\dfrac{d(\operatorname{tg}\alpha_u - \alpha_u)}{d\left(\frac{1}{z}\right)}$	$=\operatorname{tg}^2\alpha_u:(1+\operatorname{tg}^2\alpha_u)\cdot(z\cdot\operatorname{tg}^2\alpha_u-h)$	0,2130	0,3697	0,4269	0,4525	0,4413	0,4097	0,3674	0,3205	0,2760
n_u	$=\dfrac{d(\operatorname{tg}\alpha_u-\alpha_u)}{d\left(\frac{1}{z}\right)}\cdot\dfrac{1}{z}-(\operatorname{tg}\alpha_u-\alpha_u)$	$-\,0,02488$	$-\,0,00293$	$+\,0,00266$	$+\,0,00456$	$+\,0,00405$	$+\,0,00300$	$+\,0,00202$	$+\,0,00127$	$+\,0,00078$
$d:z$	$=0,4764:z$	0,0794	0,0529	0,0397	0,0265	0,0191	0,0132	0,0092	0,0063	0,0043
$\operatorname{tg}\alpha_e$	$=\operatorname{tg}\alpha_u + d:z$	0,6824	0,5891	0,5220	0,4343	0,3717	0,3112	0,2596	0,2148	0,1784
$\operatorname{tg}\alpha_e - \alpha_e$		0,08359	0,05675	0,04089	0,02458	0,01580	0,00950	0,00560	0,00321	0,00186
$\dfrac{d(\operatorname{tg}\alpha_e - \alpha_e)}{d\left(\frac{1}{z}\right)}$	$=\operatorname{tg}^2\alpha_e:(1+\operatorname{tg}^2\alpha_e)\cdot\left(z\cdot\operatorname{tg}\alpha_e-\dfrac{h}{\operatorname{tg}\alpha_u}\right)$	0,40516	0,54930	0,58634	0,57899	0,54225	0,48563	0,42309	0,36008	0,30421
n_e	$=\dfrac{d(\operatorname{tg}\alpha_e-\alpha_e)}{d\left(\frac{1}{z}\right)}\cdot\dfrac{1}{z}-(\operatorname{tg}\alpha_e-\alpha_e)$	0,01606	0,00428	0,00797	0,00759	0,00589	0,00399	0,00253	0,00153	0,00091
z_2	$=2z-z_a$	6	12							
$h:z_2$		0,283	0,142							
$x_2:z_2$	(aus Abb. 12)	0,3270	0,1276							
x_2		$1,962 = x_a$	1,531							
$\operatorname{tg}\alpha_p - \alpha_p$	$=\dfrac{x_a + x_2 - \pi}{2\cdot z}$	0,0652	0,0195							

Die Gleichung der Tangente ist auch zugleich die Gleichung der Schneidstahlgeraden; sie lautet:

$$\operatorname{tg}\alpha - \alpha = 0,42604 \cdot \frac{1}{z} - 0,002591.$$

Aus dieser Gleichung läßt sich der Schneidstahlwinkel finden; er beträgt angenähert:

für Systeme mit unveränderlicher Fußtiefe:

$$\alpha_s \sim \sqrt[3]{6 \cdot 0,002591} = 14^0\,18',$$

für Systeme mit ausgeschnittenen Zahnwurzeln:

$$\alpha_s \sim \sqrt[3]{1,5 \cdot 0,002591} = 9^0.$$

Im letzten Fall ist der Schneidstahlwinkel kleiner als der kleinste Eingriffswinkel $\alpha_{e\,\min} = 10^0 12,7'$ (s. S. 50), unter dem das Rad mit der Anfangszähnezahl $z_a = 6$ arbeiten kann. Wir müssen daher die Systeme mit ausgeschnittenen Zahnwurzeln bei dem vorliegenden Fall gesondert betrachten (s. folg. Abschn.) und können zunächst nur die Systeme mit unveränderlicher Fußtiefe nach den im vorigen Abschnitt gegebenen Richtlinien weiter behandeln.

Die Endzähnezahl ist in diesem Fall, wie die Formel auf S. 49 angibt, von einem Wert $\varkappa = \dfrac{1 - \cos\alpha_s}{\sin\alpha_s} = 0,12542$ abhängig und wird in Verbindung mit der Schneidstahlgleichung zu $z_m = 77,4$ ermittelt. (Die Gefährdung der Eingriffsdauer kommt deshalb nicht in Frage, weil das System nicht bis zu $z = 96$ reicht.)

Demnach ist das größte Übersetzungsverhältnis $z_a : z_m = 6 : 77 = 1 : 12,83$.

Es ist noch zu prüfen, ob z_m größer als $z = h \cdot \left(\dfrac{1}{\varkappa^2} - 1\right)$ ist, da dann die Unterschnittgefahr von diesem Rad ausgeht.

$$h \cdot \left(\frac{1}{\varkappa^2} - 1\right) = 106,37; \quad z_m \text{ daher } < h \cdot \left(\frac{1}{\varkappa^2} - 1\right).$$

Der geradflankige Teil des Schneidstahls erfordert zum Ausschneiden der Evolventenflanken des Anfangsrades bis zum Grundkreis eine Fußtiefe:

$$f_s = \frac{1}{2} \cdot z_a \cdot (1 - \cos\alpha_s) = 0,09294,$$

die allen Satzrädern zugrunde zu legen wäre (s. S. 49), wenn sie für die Zahnköpfe der Gegenräder ausreichen würde. Es zeigt sich aber, daß hierfür bei vielen Verzahnungen eine weit größere Fußtiefe nach der Gleichung $f_z = h - z \cdot \left(\dfrac{1}{\cos\alpha} - 1\right)$ nötig ist, und daß der größte Wert

$f_z = 0,602$ von der aus zwei Anfangsrädern bestehenden Verzahnung beansprucht wird (s. Liste auf S. 55). Die Fußtiefe sämtlicher Räder ist demnach $f_z = 0,602$ zu wählen und die Höhe der Abrundung am Schneidstahl gleich $f_z - f_s = 0,602 - 0,093 = 0,509$ zu machen, wobei noch das zusätzliche Fußkreisspiel außer acht gelassen ist.

Der kleinste Wert von $f_z = -0,0264$ liegt bei den Verzahnungen, deren Eingriffswinkel α gleich dem Schneidstahlwinkel $\alpha_s = 14^0 18'$ ist, was bei 108 zusammenarbeitenden Zähnen der Fall ist, z. B. bei $31 + 77$ oder $54 + 54$ Zähnen. Bei der unveränderlichen Fußtiefe des Systems von 0,602 weisen diese Verzahnungen ein Fußkreisspiel von $0,602 + 0,026 = 0,628$ auf. Die Satzrädersysteme mit unveränderlicher Kopfhöhe und

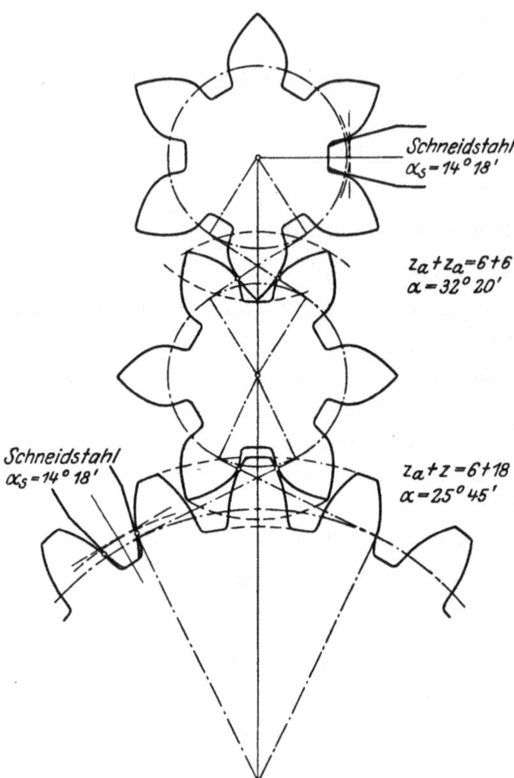

Abb. 21. Satzrädersystem mit unveränderlicher Zahnhöhe und Fußtiefe. $z_a = 6$; $h = 1,7$.

Fußtiefe sind in allen Fällen durch wechselndes Fußspiel gekennzeichnet (s. Abb. 21 und nachstehende Liste).

b) Ausgeschnittene Zahnwurzeln.

Im vorigen Abschnitt ließ sich die an dem Beispiel $z_a = 6$ und $h = 1,7$ gezeigte Ermittlung von Satzrädersystemen mit ausgeschnittenen Zahnflanken nur bis zur Festlegung des Grenzkurvenbereiches verfolgen.

Die für Systeme mit unveränderlicher Fußtiefe günstigste Lage der Schneidstahlgeraden als gemeinschaftliche Tangente an Eingriffs- und Unterschnittgrenzkurve konnte in dem gewählten Beispiel nicht für Systeme mit ausgeschnittenen Zahnflanken übernommen werden, weil der Schneidstahlwinkel kleiner als der Lückenwinkel des Anfangsrades war.

Einige Verzahnungsabmessungen des Satzrädersystems $z_a = 6$, $h = 1{,}7$, unveränderliche Fußtiefe, Schneidstahlwinkel $\alpha_s = 14^0 18'$.

	$z_1 : z_2$	6 : 6	6 : 18	6 : 77	18 : 18	18 : 77	77 : 77
z	$= \dfrac{z_1 + z_2}{2}$	6	12	41,5	18	47,5	77
$\mathrm{tg}\,\alpha - \alpha$	$\begin{aligned}0{,}42604 &: z\\ = 0{,}42604 &: z\\ -\,0{,}002591\end{aligned}$	0,07101 0,06842	0,03550 0,03291	0,01027 0,00768	0,02367 0,02108	0,00897 0,00638	0,00553 0,00294
$\mathrm{tg}\,\alpha$		0,6321	0,4823	0,2891	0,4113	0,2713	0,2084
α^0		$32^0 18'$	$25^0 45'$	$16^0 8'$	$22^0 21'$	$15^0 11'$	$11^0 46'$
x	$= z \cdot (\mathrm{tg}\,\alpha - \alpha) + \dfrac{\pi}{2}$	1,9813			1,9502		1,7973
	$z \cdot \left(\dfrac{1}{\cos\alpha} - 1\right)$	1,098	1,323	1,700	1,463	1,717	1,653
f_z	$= h - z \cdot \left(\dfrac{1}{\cos\alpha} - 1\right)$	0,602	0,377	0	0,237	$-\,0{,}017$	0,047
u	$\dfrac{z_1 + z_2}{2} \cdot \mathrm{tg}\,\alpha$	3,793	5,787	11,999	7,403	12,887	16,048
	$(z_1 - z_a) \cdot \dfrac{\varkappa}{2}$	0	0	0	0,753	0,753	4,453
	$\sqrt{h \cdot (h + z_2)}$	3,618	5,787	11,567	5,787	11,567	11,567
u	$= \dfrac{z_1 + z_2}{2} \cdot \mathrm{tg}\,\alpha$ $-(z_1 - z_a) \cdot \dfrac{\varkappa}{2}$ $-\sqrt{h \cdot (h + z_2)}$	0,175	0	0,432	0,863	0,567	0,028
g	$= \sqrt{h \cdot (h + z_1)}$ $+ \sqrt{h \cdot (h + z_2)}$	7,236	9,405	15,185	11,574	17,354	23,134
$\pi\tau$	$= g - \dfrac{z_1 + z_2}{2} \cdot \mathrm{tg}\,\alpha$	3,443	3,618	3,186	4,171	4,467	7,086
τ		1,09	1,15	1,01	1,33	1,42	2,26

Um ein für diesen Fall geeignetes Satzrädersystem zu finden, ermitteln wir die Schneidstahlgerade $\mathrm{tg}\,\alpha - \alpha = m_l \cdot \dfrac{1}{z} + n_l$, deren Schneidstahlwinkel α_s gleich dem Lückenwinkel α_l des Anfangsrades ist, und die soweit wie möglich im Grenzbereich verbleibt. Eine Untersuchung an Hand der Abb. 20 zeigt, daß eine Tangente an die Eingriffsgrenzkurve diese Forderungen am ehesten erfüllt.

Aus dem Verlauf der Differentialkurve zur Eingriffsgrenzkurve $\dfrac{d\,(\mathrm{tg}\,\alpha_e - \alpha_e)}{d\left(\dfrac{1}{z_e}\right)} = f(n_e)$ (s. Liste S. 52) und den in der Liste auf S. 57 unten zusammengetragenen Werten der Beziehung $m_l = f(n_l)$ ergibt sich als Richtungskonstante und Ordinatenabschnitt der gesuchten Schneidstahlgeraden:

$$\frac{d\,(\operatorname{tg}\alpha_e - \alpha_e)}{d\left(\dfrac{1}{z_e}\right)} = m_l = 0,4909 \ \text{und}\ n_e = n_l = 0,00414\,,$$

so daß ihre Gleichung lautet:

$$\operatorname{tg}\alpha - \alpha = 0,4909\cdot\frac{1}{z} - 0,00414\,.$$

Der Berührungspunkt der Tangente mit der Eingriffsgrenzkurve liegt bei $z_e = 34{,}9$. Die Eingriffsdauer ist also gefährdet bei dem Räderpaar:

$$6 + z_2 = 2\cdot 34{,}9;\ \text{also bei}\ 6 + 64\ \text{Zähnen}.$$

Der Schneidstahlwinkel ist angenähert zu errechnen aus:

$$\alpha_s \sim \sqrt[3]{1{,}5\cdot 0{,}00414}\ \text{entsprechend}\ 10^{\,0}31'.$$

Die Endzähnezahl ist zu ermitteln aus:

$$z_m\cdot\operatorname{tg}\alpha_m = \sqrt{h^2 + h\cdot z_m}\,.$$

Sie beträgt $\sim 100{,}5$ Zähne. (Innerhalb des Zähnezahlenbereiches dieses Systems ist Unterschnittgefahr nicht vorhanden.) Demnach ist das größte Übersetzungsverhältnis dieses Satzrädersystems $6:100 = 1:16{,}7$.

Die Fußtiefen f_s, die der Schneidstahl herstellt, sind in der folgenden Liste (s. S. 57 oben) mit den für die Zahnköpfe erforderlichen Fußtiefen f_z zusammengestellt. Damit die Zahnköpfe der Verzahnung mit den Zähnezahlen $6 + 6$ in den Zahnlücken freigehen, ist dem Schneidstahl an der Spitze eine zusätzliche Abrundung zu geben, die mindestens $f_{za} - f_{sa} = 0{,}50 - 0{,}05 = 0{,}45$ hoch sein muß. Auch hier zeigt sich ein wechselndes Fußspiel bei den verschiedenen Verzahnungen (s. S. 57 oben).

c) Die zu einer gegebenen Anfangszähnezahl gehörenden Satzrädersysteme mit unveränderlicher Fußtiefe und mit ausgeschnittenen Zahnwurzeln.

Wenn die Grenzkurvenbereiche und Schneidstahlgeraden für sämtliche Zahnhöhen h einer Anfangszahl z_a festgestellt werden, so läßt sich eine Zahnhöhe ermitteln, bei der die Endzähnezahl des zugehörigen Satzrädersystems, sei es ein solches mit unveränderlicher Fußtiefe oder ein solches mit ausgeschnittenen Zahnwurzeln, einen größten Wert annimmt. Das Aufsuchen wird an Hand eines Beispieles und unter Zuhilfenahme der Abb. 22 gezeigt werden. In dieser Abbildung sind für die als Beispiel gewählte Anfangszähnezahl $z_a = 6$ und $h = 1{,}40$ bis $h = 1{,}85$ die Grenzbereiche in gleichen Abständen nebeneinandergereiht. Außer den Grenzbereichen für die einzelnen Zahnhöhen ist noch ein Kurvenzug strichpunktiert eingezeichnet, der die Grenzpunkte der Anfangszähnezahl $z_a = 6$ verbindet. Dadurch entsteht ein der

Einige Verzahnungsabmessungen des Satzrädersystems $z_a = 6$, $h = 1,7$, ausgeschnittne Zahnwurzeln, Schneidstahlwinkel $\alpha_s = 10^0 31'$.

	$z_1 : z_2$	6 : 6	6 : 64	6 : 100	64 : 64	64 : 100	100:100
z	$= \dfrac{z_1 + z_2}{2}$	6	35	53	64	82	100
	$0,4909 : z$	0,08182	0,01403	0,00926	0,00767	0,00599	0,00491
$tg\alpha - \alpha$	$= 0,4909 : z$ $- 0,00414$	0,07768	0,00989	0,00512	0,00353	0,00185	0,00077
$tg\alpha$		0,6635	0,3155	0,2515	0,2217	0,1780	0,1325
α^0		$33^0 34'$	$17^0 31'$	$14^0 7'$	$12^0 30'$	$10^0 6'$	$7^0 33'$
x	$= z \cdot (tg\alpha - \alpha) + \dfrac{\pi}{2}$	2,0369			1,7967		1,6478
	$z \cdot \left(\dfrac{1}{\cos\alpha} - 1\right)$	1,200	1,701	1,651	1,554	1,289	0,870
fz	$= h - z \cdot \left(\dfrac{1}{\cos\alpha} - 1\right)$	0,500	$-0,001$	0,049	0,146	0,412	0,830
fs	$= \dfrac{z}{2} \cdot (1 - \cos\alpha_s)$	0,050	0,294	0,445	0,538	0,689	0,840
	Fußkreisspiel	0	0,745	0,846	0,842	0,727	0,460
	$\dfrac{z_1 + z_2}{2} \cdot tg\alpha$	3,981	11,044	13,330	14,188	14,597	13,253
	$\sqrt{h \cdot (h + z_2)}$	3,618	10,569	13,148	10,569	13,148	13,148
u	$= \dfrac{z_1 + z_2}{2} \cdot tg\alpha$ $- \sqrt{h \cdot (h + z_2)}$	0,363	0,475	0,182	3,619	1,449	0,105
g	$= \sqrt{h \cdot (h + z_1)}$ $+ \sqrt{h \cdot (h + z_2)}$	7,236	14,187	16,766	21,138	23,717	26,296
$\pi\tau$	$= g - \dfrac{z_1 + z_2}{2} \cdot tg\alpha$	3,255	3,143	3,436	6,950	9,120	13,043
τ		1,04	1,00	1,09	2,21	2,90	4,15

Werte zur Ermittlung der für $z_a = 6$ und $h_a = 1,7$ möglichen kleinsten Schneidstahlwinkel.

	$tg\alpha_a - \alpha_a$	0,08359	0,08000	0,07500	0,07000	0,06520
	$z_a \cdot (tg\alpha_a - \alpha_a)$	0,5015	0,4800	0,4500	0,4200	0,3912
x_a	$= \dfrac{\pi}{2} + z_a \cdot (tg\alpha_a - \alpha_a)$	2,0723	2,0508	2,0208	1,9908	1,9620
α_l	$= \dfrac{\pi - x_a}{z_a}$	0,1782	0,1818	0,1868	0,1918	0,1966
α_l^0	$\sim$	$10^0 13'$	$10^0 25'$	$10^0 42'$	$10^0 59'$	$11^0 16'$
n_l	$= \alpha_l - \sin\alpha_l \cdot \cos\alpha_l$	0,00376	0,00399	0,00431	0,00467	0,00503
	$tg\alpha_a - \alpha_a + n_l$	0,08735	0,08399	0,07931	0,07467	0,07023
m_l	$= z_a \cdot (tg\alpha_a - \alpha_a + n_l)$	0,52400	0,50394	0,47586	0,44802	0,42138

	$\dfrac{d\,(tg\alpha_e - \alpha_e)\,{}^{1)}}{d\left(\dfrac{1}{z_e}\right)}$	0,54225	0,48563	0,42309
n_e [1]		0,00589	0,00399	0,00253

[1] Entnommen aus Liste S. 52.

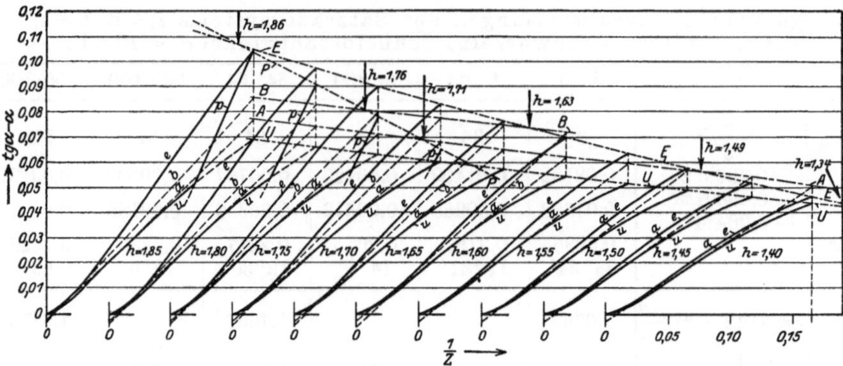

Abb. 22. Satzrädersysteme mit unveränderlicher Zahnhöhe. Anfangszähnezahl $z_a = 6$.

I. Grenzkurvenbereiche für die Zahnhöhen:
    $h = 1,40$ bis $h = 1,85$.
   e Eingriffsgrenzkurve.
   u Unterschnittgrenzkurve.
   p Spitzengrenzkurve.

II. Schneidstahlgeraden für Systeme mit
     größten Endzähnezahlen:
a Systeme mit unveränderlicher Fußtiefe.
b Systeme mit ausgeschnittenen Zahnwurzeln.

III. Grenzbereich der für $z_a = 6$ möglichen
     Zahnhöhen:
   E Eingriffsgrenzlinie.
   U Unterschnittgrenzlinie.
   P Spitzengrenzlinie.

IV. Kennlinien für Systeme mit größter
     Endzähnezahl:
   A unveränderliche Fußtiefe.
   B ausgeschnittene Zahnwurzeln.

Abb. 17 verzerrt ähnliches Grenzgebilde, in dem sich die Anfangspunkte sämtlicher Stoßstahlgeraden für $z_a = 6$ befinden müssen. Bei ganz hohen und ganz niedrigen Zahnhöhen des Gebietes $h = 1,40$ bis $1,85$ fallen nun die ebenfalls eingezeichneten Schneidstahlgeraden für unveränderliche Fußtiefen wie für ausgeschnittene Zahnwurzeln außerhalb des eben erwähnten Grenzbereichs. Daher liegen nur im Zahnhöhengebiet von $h = 1,71$ bis $h = 1,49$, bzw. $h = 1,76$ bis $h = 1,63$ Satzrädersysteme mit größten Endzähnezahlen, deren Anfangszähnezahl $z_a = 6$ ist. Und hier sind weiter, wie sich rechnerisch bestimmen läßt, die größten Zahnhöhen $h = 1,71$ bzw. $h = 1,76$ dadurch bemerkenswert, daß sie zu Satzrädersystemen mit absolut größter Endzähnezahl gehören. Die Zähne des Anfangsrades laufen dabei in eine Spitze aus.

In der eben geschilderten Art sind nun für die Anfangszähnezahlen $z_a = 5$ bis $z_a = 10$ die Satzrädersysteme mit den höchsten Endzähnezahlen ausgerechnet worden und in der Zahlentafel auf S. 59 eingetragen. Daraus geht hervor, daß bei zunehmender Anfangszähnezahl Systeme mit größern Endzähnezahlen und Übersetzungsverhältnissen möglich sind. Es sei hier nochmals darauf aufmerksam gemacht, daß jedes der Satzräder natürlich auch mit der Zahnstange, die dem Schneidstahl in ihren wesentlichen Abmessungen entspricht, einwandfrei zusammenarbeiten kann.

Es muß dies deshalb betont werden, weil die Zahnstange an sich nicht in diese Systeme mit unveränderlicher endlicher Zahnhöhe hineingehört, da ihre Zahnhöhe, vom Grundkreis ab gemessen, unendlich groß ist.

Satzrädersysteme mit größtem Übersetzungsverhältnis mit unveränderlicher Zahnhöhe und unveränderlicher Fußtiefe.

Anfangszähnezahl . .	z_a	5	6	7	8	9	10
Zahnhöhe	h	1,65	1,71	1,763	1,82	1,875	1,93
Fußtiefe	f	0,568	0,606	0,635	0,663	0,689	0,714
Schneidstahlwinkel . .	α_s	16°41′	14°18′	12°51′	11°52′	11°5′	10°28′
Beiwerte der Schneid-	$\{\,m$	0,4551	0,4296	0,4126	0,4021	0,3948	0,3899
stahlgeraden	$\{\,n$	0,00412	0,00260	0,00188	0,00147	0,00120	0,00102
Höhe der Abrundung .	r	0,462	0,513	0,547	0,578	0,605	0,630
Größte Zähnezahl. . .	z_m	49	78	107	136	166	197
Größtes Übersetzungsverhältnis	$z_m : z_a$	9,8	13	15,3	17	18,4	19,7
Kritische Zähnezahl .	$z_\varkappa$	75	107	137	177	197	228
Unterschnittgefahr . .	$z_u : z_a$	16 : 5	18 : 6	21 : 7	23 : 8	27 : 9	30 : 10
Gefährdung der Eingriffsdauer	$z_e : z_a$	(56:5)	(97:6)	(136:7)	(176:8)	(217:9)	(259:10)
Eingriffsw. bei $z_a + z_a$	α_a	34°43′	32°22′	30°33′	29°7′	27°56′	26°56′
Zahndicke bei z_a . . .	x_a	2,0053	1,9845	1,9702	1,9612	1,9547	1,9506
Fußspiel bei $z_a + z_a$.		0	0	0	0	0	0
Eingriffsw. bei $z_a + z_m$	α	19°	16°5′	14°20′	13°8′	12°13′	11°31′
Fußspiel bei $z_a + z_m$.		0,475	0,610	0,704	0,781	0,849	0,908
Eingriffsw. bei $z_m + z_m$	α_m	14°10′	11°43′	10°19′	9°23′	8°41′	8°8′
Zahndicke bei z_m . .	x_m	1,8239	1,7975	1,7820	1,7725	1,7652	1,7603
Fußspiel bei $z_m + z_m$.		0,454	0,558	0,634	0,690	0,742	0,787
Größtes Fußspiel im System .		0,501	0,632	0,727	0,800	0,869	0,929
bei $z_1 + z_2$		72	108	144	179	216	253

Satzrädersysteme mit größtem Übersetzungsverhältnis mit unveränderlicher Zahnhöhe und mit ausgeschnittnen Zahnwurzeln.

Anfangszähnezahl . .	z_a	5	6	7	8	9	10
Zahnhöhe	h	—	1,755	1,808	1,858	1,902	1,937
Schneidstahlwinkel . .	α_s		10°23′	9°7′	8°9′	7°22′	6°46′
Beiwerte der Schneid-	$\{\,m$		0,5062	0,4766	0,4494	0,4247	0,4013
stahlgeraden	$\{\,n$		0,00395	0,00267	0,00191	0,00142	0,00109
Höhe der Abrundung .	r		0,476	0,520	0,572	0,619	0,663
Größte Zähnezahl. . .	z_m		109,03	154,02	204,66	260,85	321,30
Größtes Übersetzungsverhältnis	$z_m : z_a$		18,2	22,0	25,6	29,0	32,1
Gefährdung der Eingriffsdauer	$z_e : z_a$		71,6:6	98,4:7	105,9:8	197,2:9	247,7:10
Eingriffsw. bei $z_a + z_a$	α_a		33°55′	31°52′	30°5′	28°33′	27°10′
Zahndicke bei z_a . . .	x_a		2,053	2,029	2,005	1,983	1,961
Fußtiefe bei z_a	$f_{sa} + r$		0,526	0,564	0,612	0,656	0,698
Fußspiel bei $z_a + z_a$.			0	0	0	0	0
Eingriffsw. bei $z_a + z_m$	α		13°53′	12°10′	10°53′	9°52′	9°3′
Fußspiel bei z_m			1,345	1,535	1,692	1,817	1,932
Eingriffsw. bei $z_m + z_m$	α_m		7°17′	6°13′	5°28′	4°54′	4°27′
Zahndicke bei z_m . . .	x_m		1,646	1,637	1,630	1,625	1,621
Fußtiefe bei z_m . . .	$f_{sm} + r$		1,369	1,492	1,605	1,695	1,782
Fußspiel bei $z_m + z_m$.			0,497	0,592	0,688	0,758	0,809

d) Die Hoppesche Satzräderverzahnung.

Es ist unter dem Namen: „Hoppesche Satzräderverzahnung" eine Grundkreisverzahnung bekannt und ausgeführt worden[1]), die außer dem veränderlichen Eingriffswinkel ebenfalls das Merkmal der vorher behandelten Satzrädersysteme trägt, nämlich eine bei allen Satzrädern unveränderliche Zahnhöhe. Außer der Zahnhöhe, die mit $h = 0{,}55\,\pi = \sim 1{,}73$ angegeben wird, konnten im Schrifttum genauere Anhaltspunkte über die konstruktive Ausbildung der Zähne, insbesondere über die Größe der Zahnstärken, nicht gefunden werden. Obwohl aus den Angaben über die Eingriffswinkel verschiedener Verzahnungen[1]) errechnet werden kann, daß die Zahnstärken mit zunehmender Zähnezahl größer werden, so ist doch wohl anzunehmen, daß eine bei allen Satzrädern gleichbleibende Zahnstärke erstrebt wurde[2]). In dieser Annahme wird Verfasser dadurch bestärkt, daß er in der Praxis Abarten der Hoppeschen Verzahnung ausgeführt fand, die diese Eigenschaft aufwiesen.

Zur weitern Anwendung des in den vorigen Abschnitten dargelegten Verfahrens soll hier festgestellt werden, ob Satzrädersysteme mit unveränderlicher Zahnhöhe und Zahnstärke im Abwälzverfahren mit dem Zahnstangenstahl hergestellt werden können. Die Grundgleichung hat hierfür die Form:

$$(z_1 + z_2) \cdot (\operatorname{tg}\alpha - \alpha) = 2\,x - \pi.$$

Die rechte Seite der Gleichung ist für das System eine unveränderliche Größe, da x bei allen Satzrädern gleich sein soll. Daher ist der Eingriffswinkel, wie auch bei den früher untersuchten Systemen, nur von der Summe der zusammenarbeitenden Zähnezahlen abhängig (s. S. 33). Wenn die Zähnezahlensumme $z_1 + z_2 = 2z$ gesetzt wird, so ist $z \cdot (\operatorname{tg}\alpha - \alpha)$ $= x - \dfrac{\pi}{2}$ auch zugleich die Gleichung des Schneidstahles, die in dem Koordinatensystem $(\operatorname{tg}\alpha - \alpha)$, $\left(\dfrac{1}{z}\right)$ die Form: $\operatorname{tg}\alpha - \alpha = \left(x - \dfrac{\pi}{2}\right) \cdot \dfrac{1}{z}$ annimmt und eine durch den Koordinatenanfangspunkt verlaufende Gerade darstellt.

Die in der Abb. 20 dem Grenzbereich zugrunde liegende Zahnhöhe weicht verhältnismäßig wenig von der der Hoppeschen Verzahnung ab; es läßt sich daher aus der Abbildung hinreichend erkennen, daß Satzrädersysteme mit unveränderlicher Zahnhöhe und Zahnstärke sehr wohl möglich sind, daß aber ihre Endzähnezahl bei gleicher Zahnhöhe geringer sein wird, als bei Systemen mit unveränderlicher Fußtiefe oder mit ausgeschnittenen Zahnwurzeln. Die Schneidstahlgerade, die noch am weitesten im Grenzkurvenbereich verbleibt und demnach die relativ

---

[1]) Z. d. V. d. I. 47, S. 854. 1903.
[2]) Verhdlgn d. Ver. z. Bef. d. Gewfl. 88, S. 251, 1909.

höchste Endzähnezahl derartiger Systeme mit unveränderlicher Zahndicke ergibt, ist eine Tangente an die Unterschnittgrenzkurve aus dem Koordinatenanfangspunkt. Bei eingehender Betrachtung dieser Systeme ist eine ähnliche Ermittlung, ob sich der durch die Schneidstahlgerade festgelegte Schneidstahlwinkel zur Herstellung des Anfangsrades eignet, anzustellen, wie sie bei den Systemen mit ausgeschnittenen Zahnwurzeln erforderlich war (s. S. 54 und 55).

Das Herstellen gleich starker Zähne bei allen Rädern bietet keine besondern Schwierigkeiten, da die Gesetzmäßigkeit, nach der der Schneidstahl zum schneidenden Rad einzustellen ist, durch die Gleichung auf S. 19

$$(\pi - s \cdot 2 \cdot \sin \alpha_s) = x + z \cdot (\alpha_s - \sin \alpha_s)$$

gegeben ist, wobei im vorliegenden Fall:

$$s + \frac{z \cdot (\alpha_s - \sin \alpha_s)}{2 \cdot \sin \alpha_s} = \frac{\pi - x}{2 \cdot \sin \alpha_s} = \text{const.}$$

ist.

III. Evolventen-Satzrädersysteme mit veränderlicher Zahnhöhe.

1. Für Evolventen-Satzrädersysteme mit linear veränderlicher Zahnhöhe maßgebende Grenzbedingungen.

a) Beziehungen zwischen dem Rade mit der kleinsten Zähnezahl und den übrigen Rädern.

In dem voraufgehenden Teil der Arbeit wurde ein Verfahren zum Auffinden von Satzrädersystemen begründet und auf drei Beispiele, bei denen die Zahnhöhen für jede Zähnezahl unveränderlich waren, angewendet. Im folgenden soll nun zur Untersuchung derjenigen Systeme übergegangen werden, bei denen sich die Zahnhöhen gesetzmäßig, und zwar linear abhängig von der Zähnezahl ändern. Die Zahnhöhe eines Rades hat dementsprechend zur Zähnezahl die Beziehung $h = a \cdot z + b$, wo a und b noch näher zu bestimmende Beiwerte bedeuten, die > 0 sein sollen. Auch bei dieser Untersuchung soll der Gesichtspunkt leitend sein, daß die zu ermittelnden Satzrädersysteme eine möglichst hohe Endzähnezahl aufweisen (s. S. 24 und 27). Es liegt dabei freilich nicht in unserer Absicht, die Zähne aller Räder bis zum Grundkreis ausschneiden zu wollen; denn die Zahnhöhen fallen bei Rädern mit sehr hohen Zähnezahlen derart stark aus, daß an der Wurzel ein Zahn den andern überschneidet.

Wir wenden uns vielmehr dem Fall zu, wo die Zahnlücken eines Rades nicht viel tiefer hergestellt werden, als es der Zahnkopf des am tiefsten eintauchenden Gegenrades erfordert. Hierbei sei noch vorausgesetzt, daß die Zähne aller Satzräder außer mit dem gleichen Schneidstahl auch mit dem gleichen Stück h_s des Zahnstangenprofils geschnitten werden mögen (s. Abb. 23). Es liegt daher ein ähnlicher Fall vor, wie er bei den Satzrädersystemen mit unveränderlicher Fußtiefe, nur dort mit dem Unterschied konstanter Zahnhöhe, schon behandelt wurde.

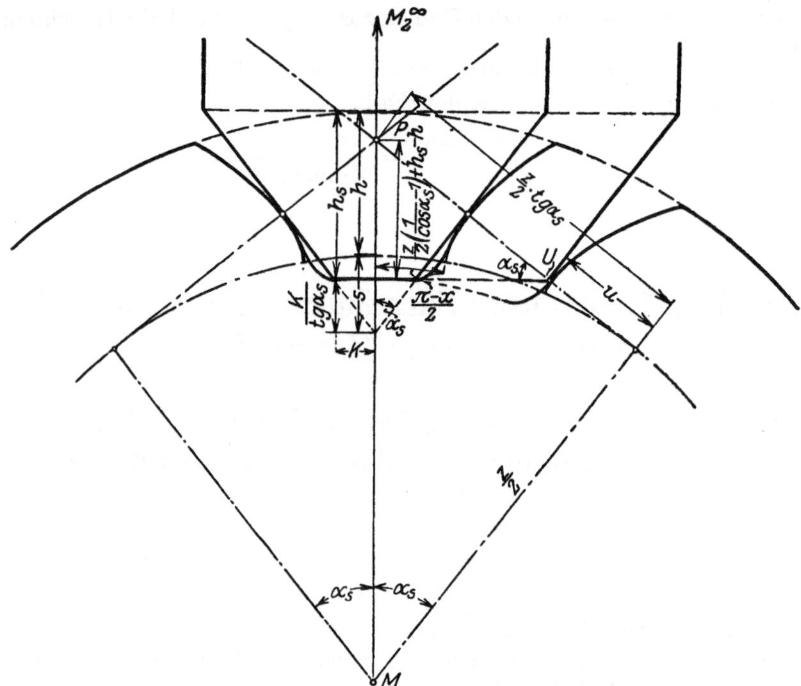

Abb. 23. Beziehungen zwischen Schneidstahl und Zahnlücke.

Wie früher gehen wir von den Eigenschaften des Rades mit der kleinsten Zähnezahl, des Anfangsrades, im System aus, wobei daran erinnert sein mag, daß erst von der Anfangszähnezahl $z_a = 5$ an Satzrädersysteme möglich sind (s. S. 30).

Es wird ferner vorausgesetzt, daß die Zähne des Anfangsrades bis zum Grundkreis ausgeschnitten sein mögen. Es ist dann leicht zu beweisen, daß die Zähne der übrigen Räder des Systems nicht bis zum Grundkreis reichende Evolventenflanken aufweisen können. Ein Maß für die Unvollständigkeit der Evolventenflanke ist die Größe u in der Abb. 23, die im Grunde eine Wiederholung der Abb. 18 ist.

$$u = \frac{z}{2}\cdot \operatorname{tg}\alpha_s - \frac{\dfrac{z}{2}\cdot\left(\dfrac{1}{\cos\alpha_s}-1\right)+h_s-h}{\sin\alpha_s} = \frac{z}{2}\cdot\frac{1-\cos\alpha_s}{\sin\alpha_s}-\frac{h_s-h}{\sin\alpha_s}.$$

Nur für das Anfangsrad mit der Zähnezahl z_a und der Zahnhöhe h_a ist $u = 0$; also wird:

$$h_s = \frac{1}{2}z_a\cdot(1-\cos\alpha_s)+h_a.$$

Wir entnehmen noch eine weitere Beziehung aus dem früher auf S. 19 und in Abb. 18 Erörterten. Dort war für die Größe s der Wert:

$$s = \frac{\pi - x - z\cdot(\alpha_s - \sin\alpha_s)}{2\sin\alpha_s}$$

ermittelt.

Im vorliegenden Fall ist die Lage der Schneidstahlspitze zum Grundkreis veränderlich, und es gehört zu den Rädern mit den Zähnezahlen z_1 bzw. z_2 die Größe s_1 bzw. s_2. Dagegen ist $\left(h_s + \dfrac{k}{\operatorname{tg}\alpha_s}\right)$ (Abb. 23) eine für den Schneidstahl unveränderliche Größe. Diese steht mit jedem Rad in der Beziehung: $h_s + \dfrac{k}{\operatorname{tg}\alpha_s} = h + s$. Daher ist auch: $h_1 + s_1 = h_2 + s_2$, sowie

$$h_1 + \frac{\pi - x_1 - z_1\cdot(\alpha_s - \sin\alpha_s)}{2\cdot\sin\alpha_s} = h_2 + \frac{\pi - x_2 - z_2\cdot(\alpha_s - \sin\alpha_s)}{2\cdot\sin\alpha_s},$$

$$2\cdot\sin\alpha_s\cdot(h_1 - h_2) - (z_1 - z_2)\cdot(\alpha_s - \sin\alpha_s) = x_1 - x_2.$$

Für h_1 und h_2 ist Bedingung:

$$h_1 = a\cdot z_1 + b; \qquad h_2 = a\cdot z_2 + b.$$

Daher:

$$2\cdot\sin\alpha_s\cdot a\cdot(z_1 - z_2) - (z_1 - z_2)\cdot(\alpha_s - \sin\alpha_s) = x_1 - x_2,$$

$$(2a+1)\cdot\sin\alpha_s - \alpha_s = \frac{x_1 - x_2}{z_1 - z_2}.$$

Die linke Seite der Gleichung weist nur unveränderliche Größen auf. Wir schließen aus der hieraus folgenden geradlinigen Beziehung zwischen x und z in Verbindung mit der Grundgleichung, daß auch bei diesen Systemen der Eingriffswinkel α und der Achsenabstand der Verzahnungen nur von der Summe der beiden zusammenarbeitenden Zähnezahlen, nicht aber von der Größe der einzelnen Summanden abhängt (s. S. 33).

b) Die Unterschnittverhältnisse.

Es empfiehlt sich, nunmehr die Unterschnittgrenzkurve festzulegen, um einen Anhalt zu gewinnen, welche zusammenarbeitenden Zähnezahlen für die Unterschnittgefahr in Frage kommen. Ein Grenzwert ist sofort bekannt; die Zahnstange nämlich muß, wenn sie so hoch gemacht wird, wie der Schneidstahl ist, in jedem Rad den Unterschnittpunkt U berühren (Abb. 23).

Für die Verzahnungen hingegen, deren Zähnezahlensumme nicht unendlich ist, muß das Auftreten der Unterschnittgefahr noch besonders bestimmt werden. Die in Frage kommende Unterschnittgleichung ist auf S. 11 angegeben; sie lautet:

$$\frac{1}{2}\,(z_1 + z_2)\cdot \operatorname{tg}\alpha - u_1 \geqq \sqrt{h_2{}^2 + h_2\cdot z_2}\,.$$

Wir legen für $z_1 + z_2$ die Zähnezahlensumme $2z$ zugrunde und setzen für u_1 seinen Wert ein:

$$z\cdot \operatorname{tg}\alpha - \frac{1}{2}\,z_1\cdot \frac{1-\cos\alpha_s}{\sin\alpha_s} - \frac{h_1 - h_s}{\sin\alpha_s} \geqq \sqrt{h_2{}^2 + h_2\cdot z_2}\,.$$

Aus dieser Gleichung wird nach einigem Umformen und unter Berücksichtigung, daß

$$h_1 = a\cdot z_1 + b \quad \text{und} \quad h_2 = a\cdot z_2 + b \ \text{ist:}$$

$$z\cdot\left[\operatorname{tg}\alpha - \frac{1-\cos\alpha_s}{\sin\alpha_s} - \frac{2\,a}{\sin\alpha_s}\right] + \frac{h_s - 2b}{\sin\alpha_s} - \frac{b\cdot(1-\cos\alpha_s)}{2\,a\cdot\sin\alpha_s}$$

$$\geqq \sqrt{h_2{}^2\left(1+\frac{1}{a}\right) - h_2\cdot\frac{b}{a} - \frac{h_2}{\sin\alpha_s}\cdot\left(1+\frac{1-\cos\alpha_s}{2\,a}\right)}\,.$$

Wir setzen weiter die für ein System als unveränderlich erkannten Größen:

$$1+\frac{1}{a} = p\,, \qquad \frac{b}{a} = q\,, \qquad \frac{1}{\sin\alpha_s}\cdot\left[1+\frac{1-\cos\alpha_s}{2\,a}\right] = r$$

und fassen die rechte Seite der Gleichung unter dem Ausdruck y zusammen. Die linke Seite der Gleichung soll stets größer als die rechte Seite der Gleichung sein; diese Bedingung läßt sich erfüllen, sobald der Größtwert der rechten Seite bekannt ist.

$$y = \sqrt{p\cdot h_2{}^2 - q\cdot h_2} - r\cdot h_2$$
$$\frac{dy}{dh_2} = 0 = \frac{2\,p\cdot h_2 - q}{2\cdot\sqrt{p\,h_2{}^2 - q\cdot h_2}} - r\,.$$

Wird diese Gleichung nach h_2 aufgelöst, so ergibt sich:

$$h_2 = q\cdot\frac{\pm\,r - \sqrt{r^2 - p}}{-\,2\,p\cdot\sqrt{r^2 - p}}\,.$$

Von der Größe der Werte q, r und p hängt es daher ab, welches h_2 den ausgezeichneten Wert bildet. Nun ist vorausgesetzt worden, daß der Zahnstangenstahl die Zähne aller Räder herstellen soll. Er bestimmt daher bei allen Zähnen den Punkt, bis wohin die Flanke als Evolvente ausgebildet ist und von dem Kopfkreis eines Gegenrades ausgenutzt werden darf (Punkt U in Abb. 23). Die vom Grundkreis gemessene unendlich große Zahnhöhe der Zahnstange muß daher obige Gleichung befriedigen, und dies ist, abgesehen von den hier nicht in Frage kommenden Möglichkeiten $q = \infty$ und $a = 0$, dann der Fall, wenn

$$r^2 = p \quad \text{oder} \quad \left[\frac{1}{\sin \alpha_s} \cdot \left(1 + \frac{1 - \cos \alpha_s}{2a}\right)\right]^2 = 1 + \frac{1}{a}$$

ist.

Hieraus gewinnen wir die Beziehung:

$$a = \frac{1}{2}\left(\frac{1}{\cos \alpha_s} - 1\right) \quad \text{und} \quad h = \frac{1}{2} z \cdot \left(\frac{1}{\cos \alpha_s} - 1\right) + b.$$

Der für h_2 eingesetzte Wert: unendlich ist tatsächlich ein Maximum, denn die zweite Ableitung:

$$\frac{d^2 y}{d h_2^2} = - \frac{q^2}{\sqrt{p h_2^2 - q h_2} \cdot 4 \cdot (p h_2^2 - q h_2)}$$

ergibt für ein immer größer werdendes h_2 Werte, die sich von der negativen Seite her dem Wert Null nähern.

Wären wir von einem Schneidrad (s. S. 18) als Werkzeug ausgegangen, so hätte dessen endliche Zahnhöhe, als die Unterschnittgrenze bestimmend, in die Gleichung für h_2 eingesetzt werden müssen, wobei $r^2 > p$ sein müßte.

Nachdem nunmehr die Unterschnittgrenze für die Zähne eines jeden Rades festliegt, ist noch darauf zu achten, daß die Zahnköpfe der Gegenräder keine Unterschnittgefahr hervorrufen. Da alle Verzahnungen mit der endlichen Zähnezahlensumme $2z$ denselben Eingriffswinkel α haben, so ist die hinsichtlich des Unterschnittes bedenklichste Verzahnung herauszusuchen und ihr Eingriffswinkel groß genug zu wählen, um die Unterschnittgefahr abzuwenden.

Die Unterschnittgleichung $z \cdot \operatorname{tg} \alpha - u_1 \geqq \sqrt{h_2^2 + h_2 \cdot z_2}$ läßt sich durch Einsetzen von

$$u_1 = (z_1 - z_a) \cdot \frac{1}{2} \operatorname{tg} \alpha_s = (2 z - z_2 - z_a) \cdot \frac{1}{2} \operatorname{tg} \alpha_s$$

und

$$h_2 = a \cdot z_2 + b$$

auf die Form

$$z \cdot \operatorname{tg} \alpha \geqq \sqrt{z_2^2 (a^2 + a) + z_2 b \cdot (2 a + 1) + b^2}$$
$$+ (2 z - z_a) \cdot \frac{1}{2} \operatorname{tg} \alpha_s - z_2 \cdot \frac{1}{2} \operatorname{tg} \alpha_s$$

bringen. Die rechte Seite der Gleichung wird am größten, wenn z_2 am größten ist; also für $z_2 = 2 z - z_a$. Daher gilt als Unterschnittgleichung:

$$z \cdot \operatorname{tg} \alpha \geqq \sqrt{(2 z - z_a)^2 \cdot (a^2 + a) + (2 z - z_a) \cdot (2 a + 1) \cdot b + b^2},$$

da die weitern Glieder sich zu Null ergänzen. Für $z = \infty$ ergibt diese Gleichung:

$$\operatorname{tg} \alpha \gtreqless \sqrt{4 \cdot (a^2 + a)} = \operatorname{tg} \alpha_s .$$

c) Zahnstärke und Schneidstahl.

Zwischen den Zahnstärken x und den Zähnezahlen z ist auf S. 63 die Beziehung abgeleitet worden:

$$(2\,a + 1) \cdot \sin \alpha_s - \alpha_s = \frac{x_1 - x_2}{z_1 - z_2} .$$

Nun ist

$$a = \frac{1}{2} \left(\frac{1}{\cos \alpha_s} - 1 \right) \quad \text{und daher} \quad \operatorname{tg} \alpha_s - \alpha_s = \frac{x_1 - x_2}{z_1 - z_2} .$$

Dieser Gleichung ist zu entnehmen, daß die Zahnstärken mit zunehmender Zähnezahl wachsen. Bevor wir dieses Ergebnis weiter erörtern, bilden wir die Gleichung um:

$$z_1 \cdot (\operatorname{tg} \alpha_s - \alpha_s) - x_1 = z_2 \cdot (\operatorname{tg} \alpha_s - \alpha_s) - x_2$$

und bedenken, daß aus der Grundgleichung folgt:

$$z_1 \cdot (\operatorname{tg} \alpha_1 - \alpha_1) - x_1 = - \frac{\pi}{2} = z_2 \cdot (\operatorname{tg} \alpha_2 - \alpha_2) - x_2 ,$$

wo α_1 bzw. α_2 der Eingriffswinkel zweier zusammenarbeitender Räder mit gleicher Zähnezahl z_1 bzw. z_2 ist. Durch Zusammenfassen der beiden letzten Gleichungen wird erhalten:

$$z_1 \cdot [\operatorname{tg} \alpha_1 - \alpha_1 - (\operatorname{tg} \alpha_s - \alpha_s)] = z_2 \cdot [\operatorname{tg} \alpha_2 - \alpha_2 - (\operatorname{tg} \alpha_s - \alpha_s)] .$$

Diese Beziehung besteht zwischen zwei beliebigen Rädern des Systems. Sind die Abmessungen eines Rades bekannt (und dies ist später für das Anfangsrad mit der Zähnezahl z_a der Fall), so läßt sich die Form jedes andern Rades bestimmen. Wir setzen

$$z_a \cdot [\operatorname{tg} \alpha_a - \alpha_a - (\operatorname{tg} \alpha_s - \alpha_s)] = m$$

und
$$\operatorname{tg} \alpha_s - \alpha_s = n$$

als unveränderliche Größen im System und erhalten als Ergebnis:

$$m = z \cdot (\operatorname{tg} \alpha - \alpha - n),$$

$$\operatorname{tg} \alpha - \alpha = m \cdot \frac{1}{z} + n .$$

Diese Gleichung stellt im Koordinatensystem $(\operatorname{tg} \alpha - \alpha)$, $\left(\dfrac{1}{z} \right)$ eine Gerade die Schneidstahlgerade, dar, von der sich der gleiche vorteilhafte Gebrauch zur Ermittlung der Satzrädersysteme machen läßt, wie bei den Systemen mit unveränderlicher Zahnhöhe.

Auf den Umstand, daß mit zunehmender Zähnezahl die Zahnstärken wachsen, wurde bereits zu Anfang dieses Abschnittes hingewiesen. Die volle, auf dem Grundkreis gemessene Stärke x wird allerdings, abgesehen vom Anfangsrade, nie erreicht, weil der Fußkreis mit steigender Zähnezahl auch immer weiter vom Grundkreis abrückt. Immerhin soll hier aus dem auf S. 27 erwähnten Grunde darauf Bedacht genommen

werden, daß die Räder mit großer Zähnezahl nicht stärkere Zähne, im Fußkreis gemessen, erhalten als die kleinen.

Für den vorliegenden Fall ist nicht leicht eine übersichtliche Formel für den Verlauf der Zahnstärken am Fußkreis der nicht ausgeschnittenen Flanken anzugeben. Um den Gang unserer Untersuchungen nicht zu verwickeln, soll hier

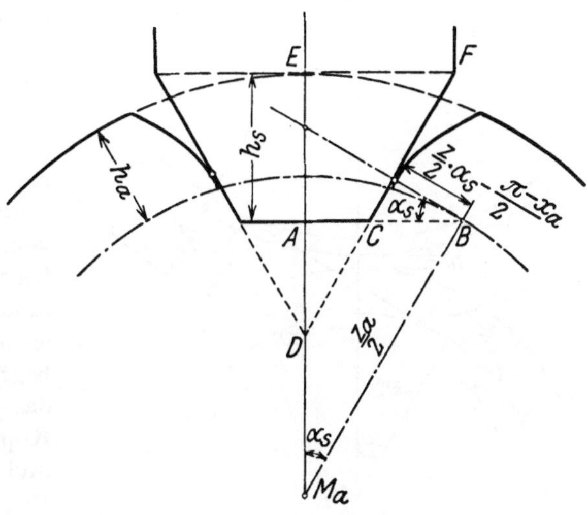

Abb. 24. Anfangsrad und Zahnstange.

nur erstrebt werden, das Rad mit der kleinsten Zähnezahl mit ebenso großer Zahndicke auf dem Grundkreis zu erhalten, wie der Zahnfuß der Zahnstange aufweist.

In der Abb. 24 ist der Eingriff des kleinsten Rades mit der Zahnstange dargestellt. Wir entnehmen die Beziehungen:

$$h_s = \frac{1}{2} z_a (1 - \cos \alpha_s) + h_a \qquad A C = \frac{1}{2} z_a \left[\sin \alpha_s - \frac{\alpha_s - \frac{\pi - x_a}{z_a}}{\cos \alpha_s} \right]$$

$$A B = \frac{1}{2} z_a \sin \alpha_s \qquad A D = \frac{A C}{\operatorname{tg} \alpha_s}$$

$$B C = \frac{z_a}{2 \cos \alpha_s} \cdot \left(\alpha_s - \frac{\pi - x_a}{z_a} \right) \qquad E F = \frac{1}{2} x_a \qquad \text{(wird erstrebt)}$$

$$E F = (h_s + A D) \cdot \operatorname{tg} \alpha_s \qquad = \left(h_s + \frac{A C}{\operatorname{tg} \alpha_s} \right) \cdot \operatorname{tg} \alpha_s .$$

Hieraus ergibt sich dann:

$$\pi + 2 h_a \sin \alpha_s = x_a \cdot (1 + \cos \alpha_s) + z_a (\alpha_s - \sin \alpha_s) .$$

Durch die letzte Gleichung ist also eine weitere Beziehung zwischen dem Anfangsrad und dem Schneidstahlwinkel des Systems gewonnen.

d) Die Fußtiefe.

In den beiden letzten Abschnitten sind den hier zu untersuchenden Satzrädersystemen bestimmte Eigenschaften hinsichtlich des Unterschnittes und der Zahnstärken zugewiesen worden, die, vom praktischen Gesichtspunkte aus, als erforderlich oder wünschenswert anzusehen sind. Wir versuchen, die Zahl der möglichen Systeme durch eine weitere Forderung zu beschränken, die bei fast allen bekannt gewordenen Satzrädersystemen — vielleicht mehr zufällig als begründet — erfüllt ist: das Spiel zwischen dem Kopfkreis des einen Rades und dem Fußkreis des Gegenrades sei unveränderlich.

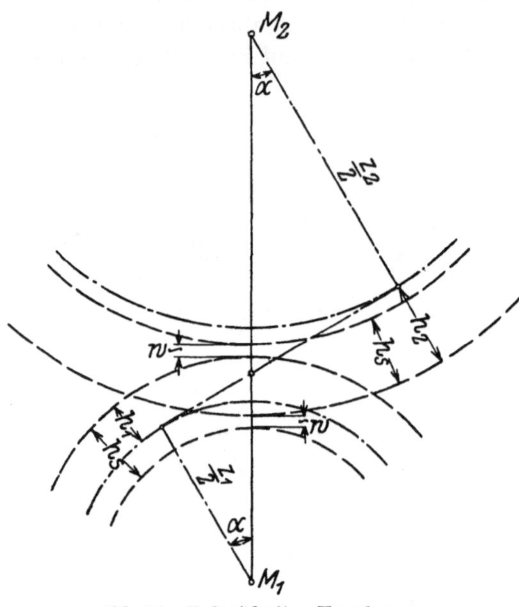

Abb. 25. Fußspiel einer Verzahnung.

Hierzu läßt sich aus der Abb. 25, wo zwei Räder mit den Zähnezahlen z_1 und z_2 zusammenarbeiten, folgendes ermitteln:

$$\frac{1}{2} z_1 + h_1 - h_s + w = \frac{1}{2}(z_1 + z_2) \cdot \frac{1}{\cos \alpha} - \frac{1}{2} z_2 - h_2 .$$

Durch Einsetzen von:

$$h_s = \frac{1}{2} z_a(1 - \cos \alpha_s) + \frac{1}{2} z_a \left(\frac{1}{\cos \alpha_s} - 1 \right) + b = b + \frac{\sin^2 \alpha_s}{\cos \alpha_s} \cdot \frac{1}{2} z_a$$

(s. S. 63) und

$$h_1 + h_2 = \frac{1}{2}(z_1 + z_2)\left(\frac{1}{\cos \alpha_s} - 1 \right) + 2 b$$

wird:

$$w = \frac{1}{2}(z_1 + z_2) \cdot \left(\frac{1}{\cos \alpha} - \frac{1}{\cos \alpha_s} \right) + \frac{1}{2} z_a \cdot \frac{\sin^2 \alpha_s}{\cos \alpha_s} - b .$$

An dem Wesen der Gleichung wird nichts geändert, wenn für $z_1 + z_2$ die Gesamtsumme $2z$ eingesetzt wird:

$$w = z \cdot \left(\frac{1}{\cos \alpha} - \frac{1}{\cos \alpha_s} \right) + \frac{\sin^2 \alpha_s}{\cos \alpha_s} \cdot \frac{z_a}{2} - b .$$

Die Größe des Fußspieles hängt also innerhalb eines Systems von einem
Wert

$$v = z \cdot \left(\frac{1}{\cos \alpha} - \frac{1}{\cos \alpha_s} \right)$$

ab. Daher haben nur solche Satzrädersysteme unveränderliches Fußspiel, deren Eingriffswinkel bei allen Verzahnungen unveränderlich gleich
dem Schneidstahlwinkel sind.

Ist der Eingriffswinkel der Verzahnungen innerhalb der Systeme
von der Zähnezahlensumme abhängig, so weisen diejenigen Systeme die
kleinsten Unterschiede im Fußspiel auf, bei denen sich der größte vor-
kommende Eingriffswinkel dem Schneidstahlwinkel am weitesten nähert.

e) Die Eingriffsdauer.

Nach S. 12 ist für hinreichende Eingriffsdauer folgende Gleichung
maßgebend:

$$\frac{1}{2}(z_1 + z_2) \cdot \mathrm{tg}\, \alpha + \pi \tau_{min} \lesseqgtr \sqrt{h_1{}^2 + h_1 \cdot z_1} + \sqrt{h_2{}^2 + h_2 \cdot z_2}\,.$$

In dem hier zu untersuchenden Fall ist folgende Beziehung zwischen
Zähnezahl und Zahnhöhe gegeben:

$$h_1 = a \cdot z_1 + b, \qquad h_2 = a \cdot z_2 + b\,.$$

Werden diese Werte und außerdem die Gesamtzähnezahl $2z = z_1 + z_2$
in die Gleichung eingeführt, so entsteht die Form:

$$z \cdot \mathrm{tg}\, \alpha + \pi \tau_{min} \lesseqgtr \sqrt{(az_1+b)^2 + (az_1+b) \cdot z_1}$$
$$+ \sqrt{[a \cdot (2z - z_1) + b]^2 + [a \cdot (2z - z_1) + b] \cdot (2z - z_1)}\,.$$

Die linke Seite der Gleichung, die unter dem Ausdruck y zusammenge-
faßt werden mag, soll stets kleiner als die rechte Seite sein. Aus $\dfrac{dy}{dz_1} = 0$
folgt: $z_1 = z$. Dieser Wert ist aber, wie die zweite Ableitung zeigt, ein
Maximum. Bei dem Verlauf der Beziehung liegt demnach ein relativer
Kleinstwert, der im vorliegenden Fall praktisch brauchbar ist, bei $z_1 = z_a$.

Wir erhalten daher als Grenzkurvengleichung für die Eingriffsdauer:

$$z \cdot \mathrm{tg}\, \alpha + \pi \tau_{min} \lesseqgtr \sqrt{(az_a+b)^2 + (az_a+b) \cdot z_a}$$
$$+ \sqrt{[a \cdot (2z - z_a) + b]^2 + [a \cdot (2z - z_a) + b] \cdot (2z - z_a)}\,.$$

Für $z = \infty$ ergibt diese Gleichung: $\mathrm{tg}\, \alpha \lesseqgtr \sqrt{4a^2 + 4a}$, oder, da
$a = \dfrac{1}{2}\left(\dfrac{1}{\cos \alpha_s} - 1 \right)$ ist: $\mathrm{tg}\, \alpha \lesseqgtr \mathrm{tg}\, \alpha_s$. Eingriffs- und Unterschnittgrenzkurve streben also für $z = \infty$ zusammen zu dem Wert $\mathrm{tg}\, \alpha_s - \alpha_s$.

Die Eingriffsdauer eines Rades mit der Zahnstange kann nicht einfach aus der Grenzgleichung bestimmt werden. Die Ermittlung erfolgt

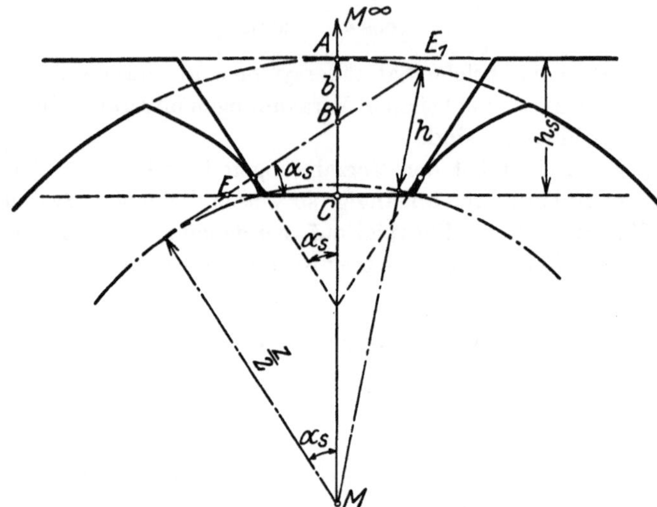

Abb. 26. Eingriffsdauer der Zahnstange.

anschaulich aus der Abb. 26, in der ein beliebiges Rad mit der Zähnezahl z und der Zahnhöhe h mit der Zahnstange gepaart gezeichnet ist. Dort ist:

$$EE_1 = \pi\tau : \text{die Eingriffsdauer,}$$

$$AC = h_s,$$

$$AB = h + \frac{1}{2}z - \frac{1}{2}z \cdot \frac{1}{\cos\alpha_s} = h - \frac{1}{2}\cdot z\left(\frac{1}{\cos\alpha_s} - 1\right) = b,$$

$$BC = h_s - b,$$

$$BE = \frac{h_s - b}{\sin\alpha_s},$$

$$BE = \sqrt{h\cdot(h+z)} - \frac{1}{2}z\cdot\operatorname{tg}\alpha_s,$$

$$EE_1 = \frac{h_s - b}{\sin\alpha_s} + \sqrt{h\cdot(h+z)} - \frac{1}{2}z\cdot\operatorname{tg}\alpha_s.$$

f) Die Spitzengrenzkurve.

Zur Ermittlung der Spitzengrenzkurve kann der Abschnitt: „Das Auftreten überspitzer Zähne im Satzrädersystem" auf S. 38—40 auch im vorliegenden Fall zugrunde gelegt werden; nur daß für h die jeweiligen Zahnhöhen h_1 und h_2 eingeführt werden müssen, so daß

$$u = 2 \cdot \sqrt{\left(\frac{h_1}{z_1}\right)^2 + \frac{h_1}{z_1}} \quad \text{und} \quad v = 2 \cdot \sqrt{\left(\frac{h_2}{z_2}\right)^2 + \frac{h_2}{z_2}}$$

wird.

Auch hier ergibt sich dann, daß bei der Gesamtzähnezahl $2z$ zweier eingreifender Räder der Eingriffswinkel α größer sein muß, als es die Gleichung:

$$\operatorname{tg}\alpha - \alpha = \frac{x_a + x_{(2z - z_a)} - \pi}{2z}$$

verlangt, wenn x_a und $x_{(2z - z_a)}$ die aus der Spitzengleichung $\frac{x}{z} = f\left(\frac{h}{z}\right)$ ermittelten Zahnstärken bedeuten.

Da die Zahnhöhe h ihrer Größe nach außer von der Zähnezahl auch noch von den Beiwerten a und b abhängig ist, so läßt sich die Spitzengrenzkurve nicht wie bei den Satzrädersystemen mit unveränderlicher Zahnhöhe von vornherein festlegen. Erst wenn außer dem Anfangsrad auch noch der Schneidstahlwinkel bekannt ist, kann sie zur Nachprüfung, ob überspitze Zähne im System vorhanden sind, herangezogen werden.

g) Die Abrundung am Schneidstahl.

Eine ähnliche Untersuchung, wie sie bereits auf S. 40 angestellt wurde, und die deshalb hier nicht wiederholt zu werden braucht, führt zu dem Ergebnis, daß das Anfangsrad mit der Zähnezahl z_a die größte zusätzliche Abrundung am Schneidstahl erfordert.

Die für das Anfangsrad erforderliche Fußtiefe ist durch den Kopfkreis eines gleichen Rades z_a bedingt und beträgt

$$f_a = h_a - z_a \cdot \left(\frac{1}{\cos\alpha_a} - 1\right),$$

vom Grundkreis aus nach dem Radinnern gemessen. Der Schneidstahl stellt jedoch nur die Grundtiefe

$$h_s - h_a = \frac{1}{2} z_a \cdot (1 - \cos\alpha_s)$$

her. Demnach ist der Schneidstahl mit einer Abrundung in Höhe von

$$r = f_a - (h_s - h_a) = h_a - \frac{1}{2} z_a \left(\frac{2}{\cos\alpha_a} - 2 + 1 - \cos\alpha_s\right)$$
$$= h_a - \frac{1}{2} z_a \left[\frac{2}{\cos\alpha_a} - (1 + \cos\alpha_s)\right]$$

zu versehen. Die Abrundung kann also, was erwünscht ist, um so kleiner werden, je größer der Unterschied zwischen α_a und α_s ist. Mit dem größern Unterschied dieser Winkel wachsen jedoch, wie auf S. 69

gezeigt, die Fußspielunterschiede. Daher lassen sich die Forderungen möglichst wenig veränderlichen Fußspieles und kleiner Abrundungshöhe am Schneidstahl nicht vereinigen.

$$\left(\text{Für } r = 0 \text{ muß } 1 + 2\frac{h_a}{z_a} = \frac{2}{\cos\alpha_a} - \cos\alpha_s \text{ sein.}\right)$$

h) Der kleinste und größte mögliche Schneidstahlwinkel.

Die in den voraufgehenden Abschnitten ermittelten Beziehungen lassen ihre Abhängigkeit vom Schneidstahlwinkel erkennen. Im folgenden wird nun gezeigt werden können, daß es bei gegebener Anfangszähnezahl und Zahnhöhe viele Schneidstahlwinkel gibt, die brauchbare Satzrädersysteme herstellen, unter denen noch eine geeignete Auswahl der günstigsten Systeme getroffen werden kann.

Es ist aber hier schon, ohne weitere Gesichtspunkte noch zu berücksichtigen, möglich, die Grenzen, innerhalb deren sich die Schneidstahlwinkel bewegen müssen, anzugeben.

Der kleinste Schneidstahlwinkel des Systems ist dem Lückenwinkel des Anfangsrades gleich, also $\alpha_s{'}_{\min} = \dfrac{\pi - x_a}{z_a}$.

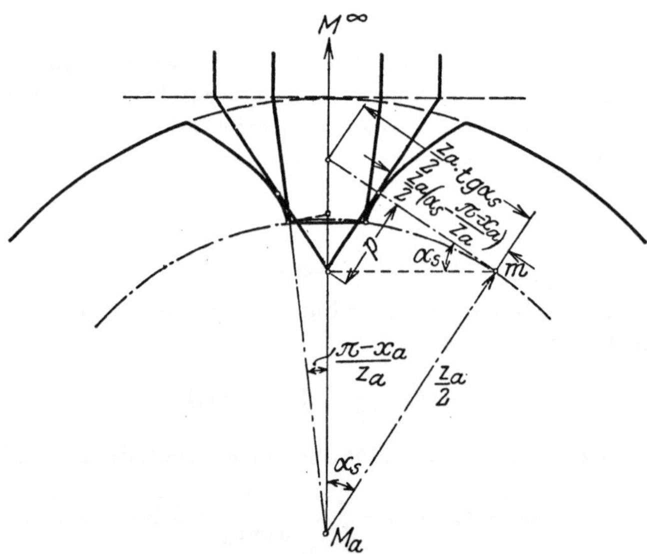

Abb. 27. Größter und kleinster Schneidstahlwinkel.

Die obere Grenze des Schneidstahlwinkels ist dadurch bestimmt, daß die Schneidstahlspitze gerade durch den Unterschnittgrenzpunkt m des Anfangsrades mit der Zähnezahl z_a geht. Mit den Buchstaben der Abb. 27 ist:

$$p = \frac{z_a}{2}\left[\operatorname{tg}\alpha_s - \left(\alpha_s - \frac{\pi - x_a}{z_a}\right)\right] \cdot \frac{1}{\operatorname{tg}\alpha_s} = \frac{z_a}{2} \cdot \left(\alpha_s - \frac{\pi - x_a}{z_a}\right) \cdot \operatorname{tg}\alpha_s.$$

Hieraus wird erhalten:

$$\frac{\pi - x_a}{z_a} = \alpha_s - \sin\alpha_s \cdot \cos\alpha_s = \sim \left(\frac{2}{3}\alpha_s\right)^3$$

$$\alpha_{s_{\max}} = \sim \sqrt[3]{1{,}5 \cdot \frac{\pi - x_a}{z_a}}\ .$$

(Nur sehr roh angenähert, da $\alpha_{s\max}$ bei Systemen mit veränderlicher Zahnhöhe verhältnismäßig groß ist (s. S. 34).

Es läßt sich demnach der Schneidstahlwinkel in dem Bereich

$$\alpha_{s_{\min}} \div \alpha_{s_{\max}} = \frac{\pi - x_a}{z_a} \div \sim \sqrt[3]{1{,}5 \cdot \frac{\pi - x_a}{z_a}}$$

wählen.

2. Verfahren und Anwendungsbeispiel zur Ermittlung von Satzrädersystemen mit linear veränderlicher Zahnhöhe.

Am besten läßt sich das Verfahren, nach dem Satzrädersysteme mit veränderlicher Zahnhöhe ermittelt werden können, an einem Beispiel darstellen, und zwar seien wie früher die Anfangszähnezahl $z_a = 6$ und die Zahnhöhe des Anfangsrades $h_a = 1{,}7$ gegeben. Die Aufgabe besteht nun darin, die Beziehung zwischen Zahnhöhe und Zähnezahl, insbesondere den Wert a der Gleichung $h = a \cdot z + b$ zu ermitteln oder, was auf das gleiche hinausläuft, den Schneidstahlwinkel α_s aufzufinden; denn zwischen a und α_s besteht die Beziehung:

$$a = \frac{1}{2} \cdot \frac{1 - \cos\alpha_s}{\cos\alpha_s}\ .$$

Zunächst kann das Gebiet, innerhalb dessen sich der Schneidstahlwinkel α_s bewegen muß, angegeben werden. Der Eingriffswinkel zweier zusammenarbeitender Anfangsräder von $6 + 6$ Zähnen und der Zahnhöhe $h_a = 1{,}7$ liegt, wie aus der Abb. 17 und aus der Tafel S. 52 hervorgeht, zwischen

hierzu gehören

$$\alpha_e \quad \text{und} \quad \alpha_u \qquad = 34^0\,18{,}5' \quad \text{und} \quad 31^0\,5{,}4';$$

$$\operatorname{tg}\alpha - \alpha \qquad = 0{,}08359 \quad \text{,,} \quad 0{,}06038,$$

$$x_a = z_a \cdot (\operatorname{tg}\alpha - \alpha) + \frac{\pi}{2} = 2{,}0723 \quad \text{,,} \quad 1{,}9331,$$

$$\frac{\pi - x_a}{z_a} \qquad = 0{,}1782 \quad \text{,,} \quad 0{,}2014\ .$$

Aus den auf S. 73 angegebenen Gleichungen läßt sich dann der kleinste und größte zulässige Schneidstahlwinkel zu $10^0 13'$ bzw. $39^0 43'$ ermitteln. Natürlich sind nicht alle Werte dieses Bereiches, insbesondere nicht die Grenzwerte, für den praktischen Fall brauchbar. Trotzdem sind auch die für diese Schneidstahlwinkel geltenden Grenzkurven für Eingriffsdauer und Unterschnittgefahr ermittelt und unter „A" und „D" in Abb. 28 eingezeichnet.

Die Ermittlung dieser Grenzkurven ist insofern einfach, als mit α_s auch a und b und damit der Verlauf der Zahnhöhen bekannt ist. Die Kurvengleichungen selbst sind auf S.65 und 69 angegeben und für Abb. 28 in das Koordinatensystem

$$(\text{tg } \alpha - \alpha), \left(\frac{1}{z}\right)$$

umgerechnet.

In die Grenzkurvenbereiche lassen sich nun Schneidstahlgeraden eintragen, die jedoch beim untersten Gebiet „A" nicht bis $z = \infty$ im Bereich verbleiben, sondern schon vorher außerhalb dieses Gebietes verlaufen. (In Abb. 28 nicht eingetragen, um das Bild nicht undeutlich zu machen.) Dagegen sind beim größtmöglichen Schneidstahlwinkel Schneidstahlgeraden erziel-

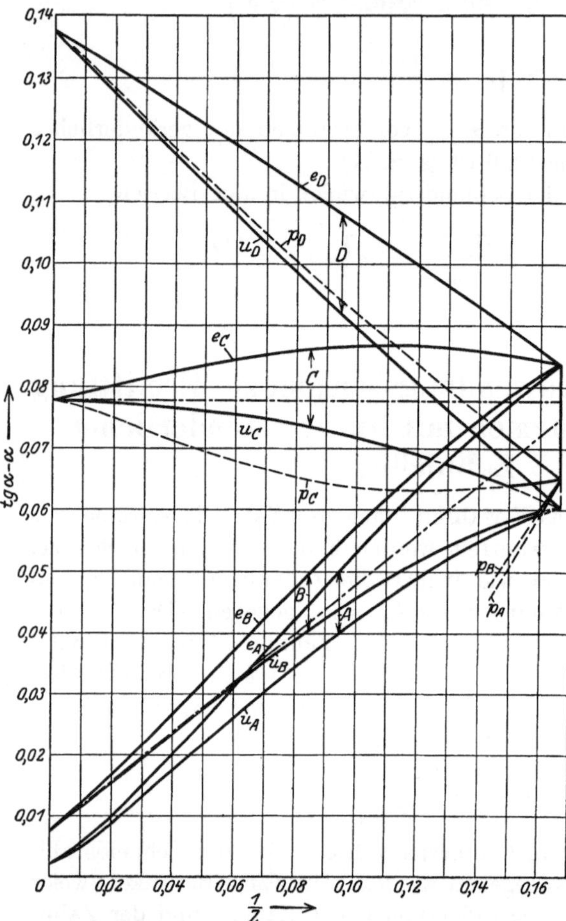

Abb. 28. Satzrädersysteme mit veränderlicher Zahnhöhe.
Anfangszähnezahl $z_a = 6$. Zahnhöhe des Anfangsrades $h_a = 1{,}7$-
A: Grenzkurvenbereich des kleinstmöglichen Schneidstahlwinkels $\alpha_s = 10^0 13'$. B: Grenzkurvenbereich des kleinsten brauchbaren Schneidstahlwinkels $\alpha_{s\,min} = 15^0 56'{,}5$. C: Grenzkurvenbereich des Systems mit kleinstem unveränderlichen Eingriffswinkel $\alpha_{sc} = 33^0 33'{,}5$. D: Grenzkurvenbereich des größtmöglichen Schneidstahlwinkels $\alpha_s = 39^0 43'$. $e_{A \div D}$ Eingriffsgrenzkurven. $u_{A \div D}$ Unterschnittgrenzkurven. $p_{A \div D}$ Spitzengrenzkurven.

bar, die vollständig im zugehörigen Grenzgebiet verbleiben; allerdings mit dem Ergebnis, daß der Eingriffswinkel der Verzahnungen im zugehörigen System mit zunehmender Zähnezahl wächst.

Zwischen diese äußersten Grenzkurvenbereiche „A" und „D" sind zwei weitere eingefügt, die nunmehr eingehender betrachtet werden sollen.

Die dem tiefstmöglichen Grenzbereich „A" nahekommenden Eingriffs- und Unterschnittgrenzkurven haben Wendepunkte, die um so näher nach der Anfangsordinate $x = 0$ rücken, je größer der Schneidstahlwinkel wird. Hier ist zunächst der in Abb. 28 mit „B" bezeichnete Fall bemerkenswert, wo die Tangente an die Eingriffsgrenzkurve im Punkte $x = 0$ zugleich Tangente an die Unterschnittgrenzkurve in einem Punkte $x > 0$ ist. Diese Tangente stellt nämlich, vorausgesetzt, daß sie auch noch bei $x = \dfrac{1}{z_a}$ im Grenzkurvenbereich verbleibt, die Schneidstahlgerade mit dem kleinstmöglichen, aber praktisch sehr wohl brauchbaren Schneidstahlwinkel dar, von dem ein Satzrädersystem von $z_a = 6$ bis $z = \infty$ hergestellt werden kann. Freilich liegt dabei, abgesehen von den Zahnstangenverzahnungen, eine endliche Verzahnung, nämlich $z_a + (2z_u - z_a) = 2 \cdot 33 = 6 + 60$ Zähne, auf der Unterschnittgrenze.

Von dem eben erwähnten Grenzkurvenbereich „B" ab gibt es viele Bereiche, aus denen brauchbare Satzrädersysteme ermittelt werden können.

Von Wichtigkeit ist darunter der Grenzkurvenbereich „C", wo die Tangente im Anfangspunkt der Unterschnittgrenzkurve wagerecht verläuft. Vorausgesetzt, daß sich auch hier diese Tangente bei $x = \dfrac{1}{z_a}$ noch im Grenzbereich befindet, erzeugt sie, als Schneidstahlgerade betrachtet, ein Satzrädersystem, bei dem die Eingriffswinkel sämtlicher Verzahnungen unveränderlich sind; und zwar ist es der denkbar niedrigste unveränderliche Eingriffswinkel bzw. Schneidstahlwinkel für die gegebene Anfangszähnezahl und Zahnhöhe.

In dem Gebiet zwischen diesem Bereich „C" und dem äußersten obern Bereich „D" befinden sich ebenfalls noch in unserm Sinne brauchbare Systeme, allerdings mit der praktisch noch nicht verwerteten Eigenschaft, daß die Eingriffswinkel mit steigender Zähnezahlensumme wachsen.

Doch soll hierauf nicht weiter eingegangen, sondern unsere Untersuchung nur auf die Grenzfälle „B" und „C" ausgedehnt werden.

Der zweitgenannte Fall „C", wo die Schneidstahlgerade horizontal und als Tangente an die Unterschnittgrenzkurve verläuft, ist der Rechnung zugänglich. Die auf S. 65 angegebene Unterschnittgleichung:

$$z \cdot \operatorname{tg} \alpha \geqq \sqrt{(2\,z - z_a)^2 \cdot (a^2 + a) + (2\,z - z_a) \cdot (2\,a + 1) \cdot b + b^2}$$

läßt sich umformen in:

$$\operatorname{tg} \alpha \geqq \sqrt{4a(1+a) - \frac{1}{z}\left[4az_a \cdot (1+a) - 2b(1+2a)\right] + \frac{1}{z^2}\left[az_a^2(1+a) - bz_a \cdot (1+2a) + b^2\right]}.$$

Zur Übersicht sei gesetzt:

$$\frac{1}{z} = x,$$

$$4a(1+a) = e,$$

$$[4a(1+a)z_a - 2b(1+2a)] = j,$$

$$[a(1+a)z_a^2 - bz_a(1+2a) + b^2] = l,$$

und

$$\operatorname{tg} \alpha = v = \sqrt{e - j \cdot x + l \cdot x^2}.$$

Die Unterschnittgrenzgleichung hat im Koordinatensystem $(\operatorname{tg} \alpha - \alpha)$, $\left(\dfrac{1}{z}\right)$ die Form:

$$\operatorname{tg} \alpha - \alpha = v - \operatorname{arc\ tg} v.$$

Die Tangente im Punkte x an die Unterschnittgrenzkurve bildet mit der Abszissenachse den Richtungsunterschied:

$$\frac{d(\operatorname{tg}\alpha - \alpha)}{dx} = \frac{dv}{dx} \cdot \frac{v^2}{1+v^2} = \frac{-j + 2lx}{2} \cdot \frac{\sqrt{e - jx + lx^2}}{1 + e - jx + lx^2}.$$

Für eine wagerechte Tangente im Anfangspunkt der Kurve muß sein:

$$\frac{d(\operatorname{tg}\alpha - \alpha)}{dx} = 0 \quad \text{und} \quad x = 0,$$

$$-j \cdot \sqrt{e} = 0.$$

Also abgesehen von dem Fall $\sqrt{e} = 0$, ist dann:

$$-j = 0,\ \text{d. h.}\quad 4a(1+a)z_a = 2b(1+2a),$$

$$b = 2a\,\frac{1+a}{1+2a}\,z_a.$$

Für $z_a = 6$ und $h_a = 1{,}7 = az_a + b$ ist:

$$a = 0{,}1, \qquad b = 1{,}1 \quad \text{und} \quad \alpha_s = 33^0\,33{,}5'.$$

Die dem untern Grenzbereich des Eingriffswinkels entsprechende Schneidstahlgerade ist nicht so einfach durch Rechnung festzulegen. Es kann wohl die Gleichung der Anfangstangente an die Eingriffsgrenzkurve angegeben werden, aber das Aufsuchen der Anfangstangente, die zugleich die Unterschnittgrenzkurve berührt, führt zu einer umständlichen Lösung einer Gleichung höhern Grades.

Die Eingriffsgleichung hat die Form (s. S. 69):

$$z\,\mathrm{tg}\,\alpha \leqq \sqrt{h_a{}^2 + h_a\,z_a} - \pi\,\tau_{\min}$$
$$+\sqrt{[a\,(2\,z - z_a) + b]^2 + [a\,(2\,z - z_a) + b]\cdot(2\,z - z_a)},$$
$$\mathrm{tg}\,\alpha \leqq x\cdot d + \sqrt{e - j\cdot x + 1\cdot x^2}$$

und im Koordinatensystem $(\mathrm{tg}\,\alpha - \alpha)$, $\left(\dfrac{1}{z}\right)$:

$$\mathrm{tg}\,\alpha - \alpha = s - \mathrm{arc\ tg}\,s.$$

Der Tangentenwinkel in einem Punkte x hat den Wert:

$$\frac{d\,(\mathrm{tg}\,\alpha - \alpha)}{d\,x} = \frac{d\,s}{d\,x}\cdot\frac{s^2}{1 + s^2}$$

und für $x = 0$:

$$\frac{d\,(\mathrm{tg}\,\alpha - \alpha)}{d\,x} = \left(d - \frac{j}{2\,\sqrt{e}}\right)\cdot\frac{e}{1 + e}.$$

Dieser Tangentenwinkel soll zugleich auch der Richtungsunterschied einer Tangente der Unterschnittgrenzkurve sein. Nennen wir die Abszisse des Unterschnittgrenzkurvenpunktes, wo dieses zutrifft, x', so erhalten wir die Gleichung:

$$\frac{-j + 2\,l\,x'}{2}\cdot\frac{\sqrt{e - j\,x' + l\,x'^2}}{1 + e - j\,x' + l\,x'^2} = \left(d - \frac{j}{2\,\sqrt{e}}\right)\cdot\frac{e}{1 + e},$$

die zu einer Gleichung vierten Grades für x' führt. Durch Berechnen der Tangente im Anfangspunkt der Eingriffsgrenzkurve aus:

$$\mathrm{tg}\,\alpha - \alpha = \left[d - \frac{j}{2\,\sqrt{e}}\right]\cdot\frac{e}{1 + e}\cdot x + \mathrm{tg}\,\alpha_s - \alpha_s$$

und der Unterschnittgrenzkurve:

$$\mathrm{tg}\,\alpha - \alpha = \sqrt{e - j\cdot x + l\cdot x^2} - \mathrm{arc\ tg}\,\sqrt{e - j\cdot x + l\cdot x^2}$$

unter Verändern von a kommt man im allgemeinen eher zum Ziele. In dem zugrunde liegenden Beispiele wird:

$$a = 0{,}02,$$
$$\alpha_s = 15^0 56{,}5',$$
$$\mathrm{tg}\,\alpha - \alpha = 0{,}404\cdot\frac{1}{z} + 0{,}00741,$$
$$\mathrm{tg}\,\alpha_a - \alpha_a = 0{,}07474,$$
$$x_a = 2{,}0192.$$

Mit allen Schneidstahlwinkeln zwischen $\sim 16^0$ und $\sim 33^1/_2{}^0$ können daher für $z_a = 6$ und $h_a = 1{,}7$ Satzrädersysteme hergestellt werden, die nach unsern Begriffen brauchbar sind, wenn die Schneidstahlgerade so gelegt wird, daß sie innerhalb des Grenzkurvenbereiches verbleibt.

Es ist noch zu untersuchen, ob sich unter diesen Systemen ein solches befindet, wo die Zahnstärke des Anfangsrades gleich der Zahnfußstärke seines Zahnstangenstahles ist. Kennzeichnend war hierfür auf S. 67 gefunden worden:

$$\pi + 2 h_a \sin \alpha_s \lesseqgtr x_a \left(1 + \cos \alpha_s\right) + z_a \left(\alpha_s - \sin \alpha_s\right).$$

Zu den für $z_a = 6$ und $h_a = 1,7$ möglichen Zahndicken x_a des Anfangsrades:

$$x_{ae} = 2,0723 \quad \text{und} \quad x_{au} = 1,9331$$

gehören die Schneidstahlwinkel:

$$\alpha_{se} = \sim 16^0 \qquad \text{und} \qquad \alpha_{su} = \sim 13^0.$$

Es kann also die genannte Bedingung von Systemen mit der Anfangszähnezahl $z_a = 6$ und $h_a = 1,7$ nicht ganz erfüllt werden, aber in guter Annäherung, wenn der Schneidstahlwinkel $\alpha_s = 16^0$ gewählt wird.

Schließlich sollen noch die Systeme aufgesucht werden, bei denen der Schneidstahl keine Abrundung erfordert. Hierfür galt die Beziehung:

$$2 \cdot \frac{h_a}{z_a} + 1 = \frac{2}{\cos \alpha_a} - \cos \alpha_s \qquad \text{(s. S. 72).}$$

Für die für zwei Anfangsräder möglichen Eingriffswinkel zwischen $\alpha_a = 34^0 18,5'$ und $31^0 5,4'$ liegen die bezüglichen Schneidstahlwinkel

$$\text{zwischen } \alpha_s = 31^0 17' \text{ und } 39^0 45,7'.$$

Von Belang ist der Fall, wo der Schneidstahlwinkel eines Systems gleich dem Eingriffswinkel zweier Anfangsräder ist. Es ist dann:

$$2 \cdot \frac{h_a}{z_a} + 1 = \frac{2 - \cos^2 \alpha_s}{\cos \alpha_s}$$

$$\cos \alpha_s = \frac{1}{1 + 2a}$$

$$2 \cdot \frac{h_a}{z_a} = \frac{2 \cdot \left(3a + 4a^2\right)}{1 + 2a}$$

$$\frac{h_a}{z_a} = a + \frac{b}{z_a}$$

$$\frac{b}{z_a} = 2a \cdot \frac{1 + a}{1 + 2a}.$$

b hat also denselben Wert wie in dem Fall, wo die Schneidstahlgerade wagerechte Tangente an die Unterschnittgrenzkurve bei $x = 0$ bzw. $z = \infty$ ist. Diese Schneidstahlgerade hat daher die Eigenschaft, daß sie ein System mit unveränderlichen Eingriffswinkeln und gleichbleibendem Fußspiel schneidet.

3. Übersicht über die bei den Anfangszähnezahlen $z_a = 5$ bis $z_a = 10$ möglichen Satzrädersysteme mit linear veränderlicher Zahnhöhe.

In Abb. 29 sind für die Anfangszähnezahlen $z_a = 5$ bis $z_a = 10$ die Schneidstahlwinkel zusammengestellt, mit denen sich Satzrädersysteme mit linear veränderlicher Zahnhöhe herstellen lassen, die alle Zähnezahlen von z_a bis zur unendlichen Endzähnezahl fortlaufend aufweisen.

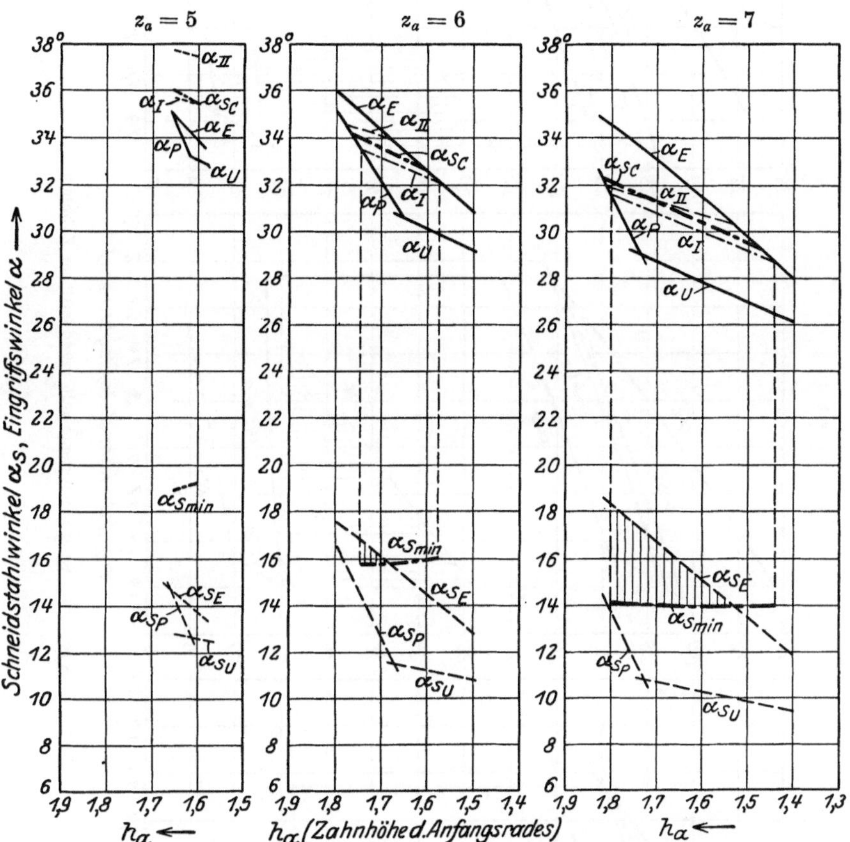

Abb. 29 a. Satzrädersysteme mit veränderlicher Zahnhöhe.

1. Grenzbereich der für z_a möglichen Eingriffswinkel:
 α_E Eingriffsgrenzwinkel.
 α_P Spitzengrenzwinkel.
 α_U Unterschnittgrenzwinkel.

2. Schneidstahlwinkel für die bei z_a möglichen Satzrädersysteme:
 kleinster Schneidstahlwinkel:
 $\alpha_{S\,min}$ für Systeme mit veränderlichem,
 α_{SC} für Systeme mit unveränderlichem Eingriffswinkel.

3. Schneidstahlwinkel für Systeme mit gleichbleibender Fußstärke der Zähne:
 α_{SE}-α_{SP}-α_{SU} Grenzbereich dieser Schneidstahlwinkel.

4. Eingriffswinkel zweier Anfangsräder
 $z_a + z_a$:
 α_I für $\alpha_{s\,min}$.
 α_{II} für $\alpha_{s\,min}$ und Systeme mit gleichbleibender Fußstärke.

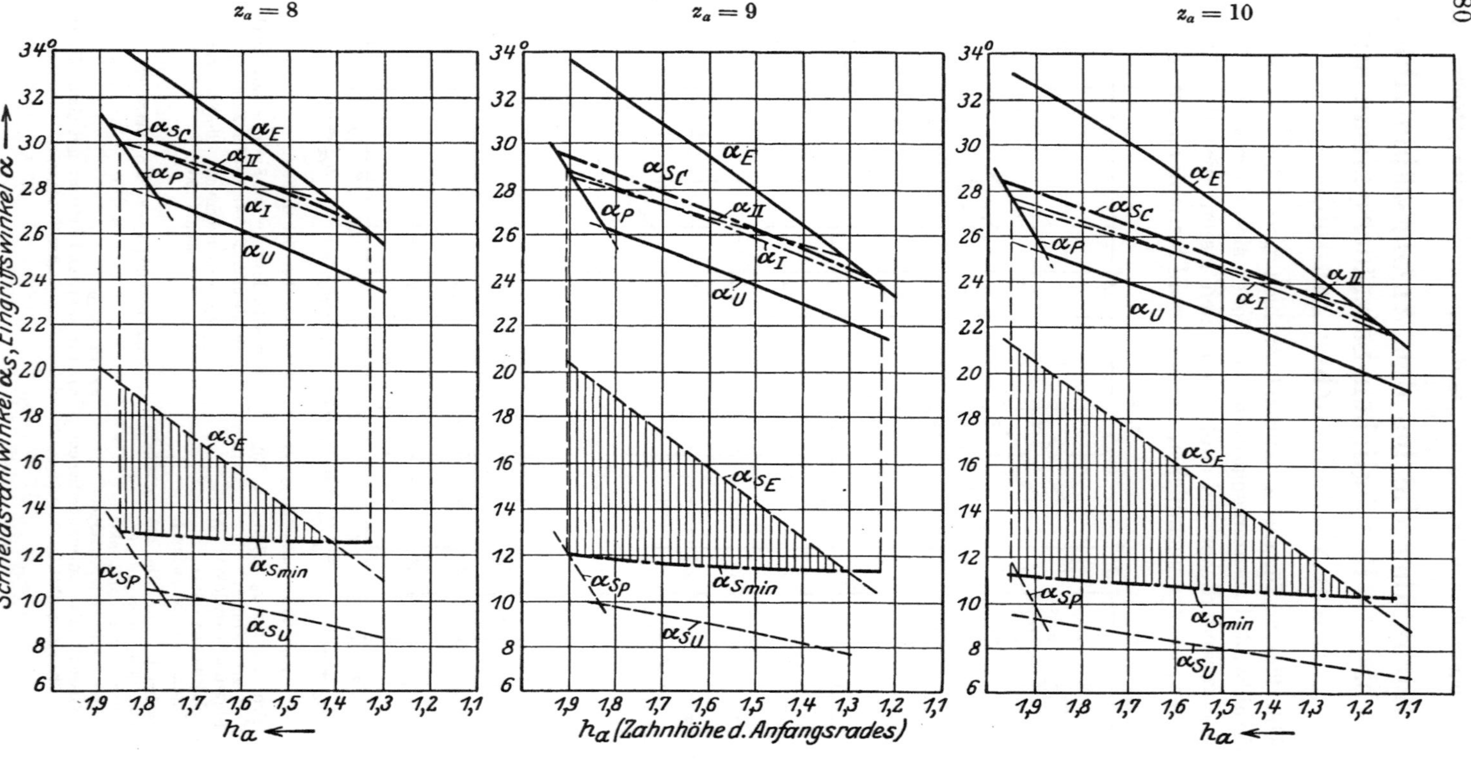

Abb. 29 b. Satzrädersysteme mit veränderlicher Zahnhöhe.

Der Abb. 29 liegt das Koordinatensystem $\alpha = f(h_a)$ der Abb. 17 zugrunde. Auch die Grenzkurvendreiecke (s. S. 29) der Abb. 17 sind unter der Bezeichnung α_E — α_P — α_U übernommen und nebeneinander (statt ineinander) angeordnet. Nach dem Beispiel im vorhergehenden Abschnitt sind sodann die kleinsten Schneidstahlwinkel $\alpha_{s\,min}$ bzw. α_{sc}, durch die sich oben genannte Systeme mit unendlicher Endzähnezahl und veränderlichem bzw. unveränderlichem Eingriffswinkel erzeugen lassen, ermittelt und in Abhängigkeit von der Zahnhöhe h_a des Anfangsrades dargestellt. Auch der Verlauf der Eingriffswinkel zweier Anfangsräder ist eingetragen (Kurve α_I), wenn diese mit dem Schneidstahlwinkel $\alpha_{s\,min}$ hergestellt werden. Soweit die Kurve α_I im Grenzkurvenbereich α_E — α_P — α_U verbleibt, sind auch die entsprechenden Schneidstahlwinkel $\alpha_{s\,min}$ zur Herstellung oben

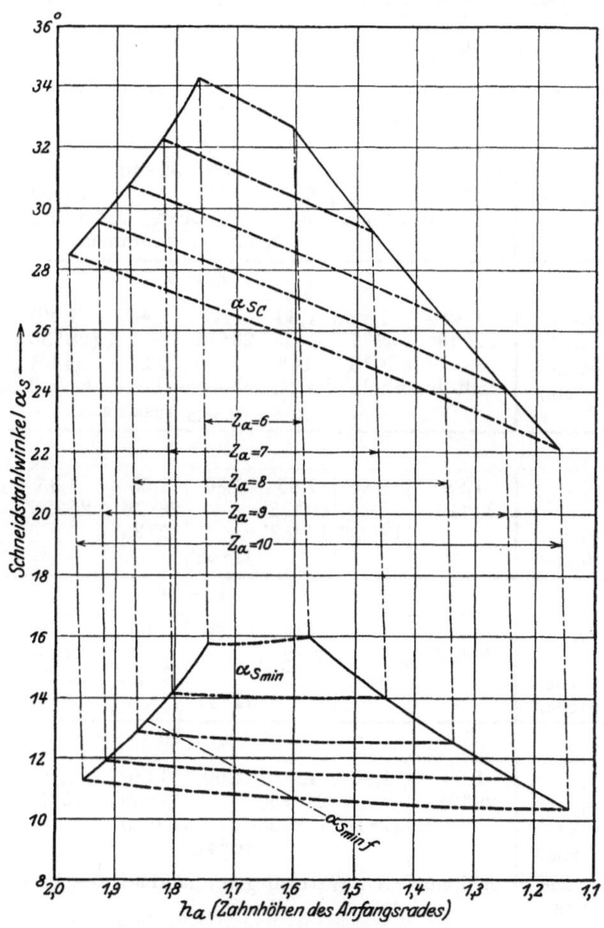

Abb. 30. Schneidstahlwinkel für Satzrädersysteme mit veränderlicher Zahnhöhe.

$\alpha_{s\,min}$ Kleinste Schneidstahlwinkel überhaupt.

$\alpha_{s\,c}$ Kleinste Schneidstahlwinkel für Systeme mit unveränderlichem Eingriffswinkel.

$\alpha_{s\,min\,f}$ Kleinste Schneidstahlwinkel für Systeme mit gleichbleibenden Fußstärken.

genannter Systeme mit veränderlichem Eingriffswinkel brauchbar. Bei Systemen mit unveränderlichem Eingriffswinkel deckt sich naturgemäß die Kurve α_I mit der Kurve α_{sc}. Aus Abb. 29a ist zu erkennen, daß es für die Anfangszähnezahl $z_a = 5$ Systeme der genannten Art weder

Schneidstahlwinkel für Satzrädersysteme mit veränderlicher Zahnhöhe.

h_a Zahnhöhe des Rades mit der Anfangszähnezahl z_a.

$\alpha_{s\,min}$ Kleinster Schneidstahlwinkel für Systeme mit veränderlichem Eingriffswinkel.

α_{sc} Kleinster Schneidstahlwinkel für Systeme mit unveränderlichem Eingriffswinkel.

$\alpha_{s\,min\,f}$ Kleinster Schneidstahlwinkel für Systeme mit gleichbleibenden Fußstärken.

$z_a = 6$

h_a	(1,80)	1,77	1,74	1,65	1,61	1,58	(1,50)
α_{sc}	(34°30′)	34°10′		33°6′	32°40′		(31°42′)
$\alpha_{s\,min}$	(15°50′)		15°47′	15°51′		15°59′	(16°17′)

$\alpha_{s\,min\,f}$ fällt innerhalb des Zahnhöhengebietes $h_a = 1{,}80 \div 1{,}50$ nicht mit $\alpha_{s\,min}$ zusammen.

$z_a = 7$

h_a	1,82	1,80	1,60	1,47	1,44	(1,40)
α_{sc}	32°18′	32°7′	30°26′	29°15′		(28°36′)
$\alpha_{s\,min}$		14°8′	14°		14°	(14°)

$\alpha_{s\,min\,f}$ fällt innerhalb des Zahnhöhengebietes $h_a = 1{,}82 \div 1{,}40$ nicht mit $\alpha_{s\,min}$ zusammen.

$z_a = 8$

h_a	1,88	1,86	1,85	1,80	1,60	1,35	1,33	(1,30)
α_{sc}	30°49′		30°35′		28°36′	26°25′		(25°57′)
$\alpha_{s\,min}$		12°54′	12°53′		12°38′		12°34′	(12°35′)
$\alpha_{s\,min\,f}$				12°48′				

$z_a = 9$

h_a	1,93	1,91	1,90	1,70	1,60	1,25	1,23
α_{sc}	29°32′		29°20′		27°4′	24°4′	
$\alpha_{s\,min}$		12°	11°58′		11°35′	11°22′	11°23′
$\alpha_{s\,min\,f}$				11°41′			

$z_a = 10$

h_a	1,98	1,96	1,95	1,60	1,50	1,16	1,14	(1,10)
α_{sc}	28°28′		28°16′		24°59′	22°5′		(21°33′)
$\alpha_{s\,min}$		11°16′	11°15′		10°35′		10°20′	(10°20′)
$\alpha_{s\,min\,f}$				10°41′				

Die eingeklammerten Werte liegen außerhalb des brauchbaren Zahnhöhengebietes.

mit veränderlichem noch mit unveränderlichem Eingriffswinkel gibt, und daß in dieser Beziehung $z_a = 6$ die kleinste Anfangszähnezahl ist.

Für den Grenzbereich $\alpha_E - \alpha_P - \alpha_U$ sind ferner die Schneidstahlwinkel $\alpha_{SE} - \alpha_{SP} - \alpha_{SU}$ derjenigen Schneidstähle ermittelt, die eine gleiche Fußstärke wie das Anfangsrad aufweisen (s. S. 67). Nicht alle Schneidstahlwinkel des Gebietes $\alpha_{SE} - \alpha_{SP} - \alpha_{SU}$ eignen sich zur Herstellung von Systemen mit unendlicher Endzähnezahl, sondern nur diejenigen, die auch dem $\alpha_{s\,min} - \alpha_{sc}$-Gebiet zugleich angehören, wie z. B. bei $z_a = 6$ bis 10 schraffiert hervorgehoben. Wollte man von den Schneidstählen mit den Winkeln $\alpha_{s\,min}$ verlangen, daß sie das Anfangsrad z_a mit der Fußstärke herstellen, wie sie sie selber besitzen, so würden zwei Anfangsräder mit Eingriffswinkeln gemäß der α_{II}-Kurve entstehen. Die α_I-Kurve und die α_{II}-Kurve decken sich im allgemeinen nicht; das bedeutet, daß die Schneidstähle mit den Winkeln $\alpha_{s\,min}$ in ihrer Fußstärke nicht mit der des Anfangsrades übereinstimmen. Bei den höhern Anfangszähnezahlen von $z_a = 8$ bis 10 schneiden sich jedoch die α_I- und die α_{II}-Kurve innerhalb des brauchbaren Zahnhöhengebietes unter einem sehr spitzen Winkel, und es ist hierbei die Eigenschaft verwirklicht, daß der Schneidstahl mit dem Winkel $\alpha_{s\,min}$ auch Systeme von unendlicher Endzähnezahl mit annähernd gleichen Fußstärken herstellt.

Die Satzrädersysteme, bei denen der zugehörige Schneidstahl gar keine oder nur eine geringe Abrundung an seinem spitz zulaufenden Ende braucht, scharen sich um die $\alpha_{s\,c}$-Kurve. Ihre kennzeichnenden Schneidstahlkurven sind, um die Übersicht nicht zu beeinträchtigen, nicht besonders eingezeichnet.

Abb. 30 und die Liste auf S. 82 zeigen als Ergebnis der Ermittlungen dieses Abschnittes, innerhalb welcher Anfangszahnhöhen h_a bei gegebener Anfangszähnezahl z_a geeignete Schneidstahlwinkel für Satzrädersysteme mit linear veränderlicher Zahnhöhe zu finden sind.

Schlußwort.

In den vorstehenden Betrachtungen ist ein Weg gewiesen worden, auf dem es möglich war, praktisch brauchbare Satzrädersysteme zu finden. Dies wurde an vier Beispielen gezeigt, die an sich ungleiche Voraussetzungen hatten. Die drei zuerst behandelten gingen von dem gleichen Gesichtspunkt aus, daß die Zahnhöhe über dem Grundkreis unveränderlich sein sollte; sie unterschieden sich aber dadurch, daß im einen Falle unveränderliche Fußtiefen, im andern Falle ausgeschnittene Zahnwurzeln und im dritten unveränderliche Zahnstärken gefordert wurden. Das vierte Beispiel bezog sich auf Satzrädersysteme mit linear veränderlicher Zahnhöhe, über dem Grundkreis gemessen, und hatte zur weitern Voraussetzung, daß die wirklich meßbare Zahnhöhe vom Kopfkreis bis zum Fußkreis bei allen Systemrädern gleich sein sollte.

Daß trotz der verschiedenen Voraussetzungen in der Art dieser Systeme ein gleichartiges Verfahren zu ihrem Auffinden führt, läßt vermuten, daß zwischen ihnen eine gesetzmäßige Abhängigkeit besteht. Ist diese ermittelt, so muß sich auch angeben lassen, welche Arten von Satzrädersystemen überhaupt nach dem gezeigten Verfahren behandelt werden können.

Wir gehen auf das Herstellen der Räder im Abwälzverfahren zurück und finden auf S. 19, daß für das Maß s, das den Abstand der Schneid-

stahlspitze von dem Grundkreis des zu schneidenden Rades angibt, die
Beziehung besteht:

$$s = \frac{\pi - x - z\,(\alpha_s - \sin \alpha_s)}{2 \cdot \sin \alpha_s}.$$

Für Satzrädersysteme mit unveränderlicher Fußtiefe unter dem Grundkreis ist auch s unveränderlich.

Für Rädersysteme mit ausgeschnittenen Zahnwurzeln ist (s. S. 20
und Abb. 19):

$$u = 0; \qquad f = \frac{1}{2}\,z\,(1 - \cos \alpha_s),$$

ferner

$$f = s - \frac{k}{\operatorname{tg} \alpha_s},$$

$$s = \frac{1}{2}\,z\,(1 - \cos \alpha_s) + \frac{k}{\operatorname{tg} \alpha_s}.$$

In diesem Fall ist:

$$s - \frac{1}{2}\,z\,(1 - \cos \alpha_s) = \frac{k}{\operatorname{tg} \alpha_s} = \text{unveränderlich.}$$

Für Systeme mit unveränderlichen Fußstärken war auf S. 61 ermittelt:

$$s + z \cdot \frac{\alpha_s - \sin \alpha_s}{2 \cdot \sin \alpha_s} = \frac{\pi - x}{2 \cdot \sin \alpha_s} = \text{unveränderlich.}$$

Für das zu viert gewählte Beispiel ist nach S. 63:

$$s + h = h_s + \frac{k}{\operatorname{tg} \alpha_s} = \text{unveränderlich.}$$

Da ferner $h = az + b$ ist, so ist:

$$s + a \cdot z = h_s + \frac{k}{\operatorname{tg} \alpha_s} - b = c = \text{unveränderlich.}$$

In allen vier Fällen steht also s in keiner höhern als linearen Beziehung zu den Zähnezahlen der Systemräder.

Aus

$$s = \frac{\pi - x - z\,(\alpha_s - \sin \alpha_s)}{2 \cdot \sin \alpha_s}$$

und den soeben abgeleiteten Beziehungen für s folgt weiter für die
Zahndicke der vier behandelten Beispiele:

1. $x = -z(\alpha_s - \sin \alpha_s) \qquad\qquad + (\pi - 2 \cdot s \cdot \sin \alpha_s),$
2. $x = -z(\alpha_s - \sin \alpha_s \cdot \cos \alpha_s) \qquad + (\pi - 2 \cdot k \cdot \cos \alpha_s),$
3. $x = \text{unveränderlich,}$
4. $x = -z[\alpha_s - \sin \alpha_s \cdot (1 + 2a)] + (\pi - 2 \cdot c \cdot \sin \alpha_s).$

Demnach stehen auch die auf dem Grundkreis gemessenen Zahndicken in keiner höhern als linearen Abhängigkeit von der Zähnezahl der Satzräder.

Daraus folgt weiter, daß bei jeder der vier Systemarten zu einer bestimmten Zähnezahlensumme eine und nur eine Summe der Zahndicken gehört, gleichgültig, aus welchen Summanden sich die Zähnezahlensumme zusammensetzt. Ferner gibt es nur einen Eingriffswinkel und einen Achsenabstand bei jeder Zähnezahlensumme der zusammenarbeitenden Räder, wie aus der Grundgleichung bzw. der auf S. 7 angegebenen Achsenabstandsgleichung hervorgeht.

Es ist also mit derartigen Satzrädersystemen möglich, ein Getriebe von bestimmtem Übersetzungsverhältnis durch ein anderes von einem andern Übersetzungsverhältnis zu ersetzen, ohne den Achsenabstand und den Eingriffswinkel zu ändern, sofern die Summe der Zähnezahlen nicht geändert wird.

Alle bisher bekannten Satzrädersysteme weisen diese Eigenschaft, von der in der Praxis recht häufig Gebrauch gemacht wird, auf. Bei einer höhern als linearen Beziehung zwischen der Zähnezahl und der Zahndicke geht diese Eigenschaft verloren. Will man nicht darauf verzichten, so muß sie ebenfalls zu einer Satzrädereigenschaft erhoben werden. Dadurch wird die Zahl der möglichen Satzrädersysteme auf diejenigen Systeme beschränkt, bei denen die Eintauchtiefe des Schneidstahls in linearer Abhängigkeit von der Zähnezahl steht. Für die Ermittlung dieser ist dann aber das vorstehend abgeleitete Verfahren, das an vier verschiedenen Beispielen gezeigt wurde, ganz allgemein anwendbar.

Die sich auf diese Weise ergebenden Systeme sind nun theoretisch einwandfreie Satzräderverzahnungssysteme, aber trotzdem nicht alle gleich gut für die Getriebetechnik verwertbar. Sie werden in ihrer Zahl bei einer Untersuchung der Reibungs- und Abnutzungsverhältnisse ihrer Verzahnungen sowie der Schneidverhältnisse des Werkzeuges noch beträchtlich eingeschränkt werden müssen.

Diese Verhältnisse zu verfolgen, hätte hier zu weit geführt und hätte auch umfangreiche Versuche erfordert, da sowohl die Abnutzungs- wie auch die Schneidstahlverhältnisse einer befriedigenden theoretischen Behandlung schwer zugänglich sind.

Was das Verhältnis der vorstehend untersuchten Systeme zu den bereits bestehenden Satzrädersystemen anbetrifft, so sei hier nur auf die bisher in Deutschland zumeist verwendete Teilkreisverzahnung mit dem unveränderlichen Eingriffswinkel $\alpha = \alpha_s = 15^0$ und einer Zahnkopfhöhe gleich Teilkreismodul über dem Teilkreis näher eingegangen, die auch in das Gebiet der im vorstehenden behandelten Satzrädersysteme gehört.

Rechnet man nämlich die Zahnhöhe auf den Grundkreismodul um, so folgt sie, da sie

$$h = \frac{1}{2}\left(\frac{1}{\cos\alpha_s} - 1\right)\cdot z + \frac{1}{\cos\alpha_s},$$

vom Grundkreis aus gemessen, ist, der linearen Gleichung:

$$h = a\cdot z + b.$$

Wenn das Anfangsrad mit der Zähnezahl z_a noch ohne Unterschnitt mit der Zahnstange zusammenarbeiten soll, so muß sein (s. S. 76):

$$b = 2\,a\cdot\frac{1+a}{1+2\,a}\cdot z_a.$$

Hieraus ergibt sich als Anfangszähnezahl für diese Teilkreisverzahnung:

$$z_a = 29{,}87.$$

Dieses Ergebnis ist wohl der Ausgangspunkt für die frühere Anschauung gewesen, daß Evolventenräder nur für $z_a \geqq 30$ als Satzräder zu empfehlen sind.

Hoppe hat wohl als erster geraten, kleinere Anfangszähnezahlen in Satzrädersystemen dadurch zu erzielen, daß die Zahnhöhe über dem Grundkreis unveränderlich und der Eingriffswinkel mit der Zahl der zusammenarbeitenden Zähne veränderlich gewählt wird.

In den vorstehenden Untersuchungen wurde nachgewiesen, daß es möglich ist, Satzrädersysteme mit Außenverzahnungen und unveränderlicher Zahnhöhe nach dem Vorschlage Hoppes unter Verwendung nur eines Schneidstahles im Abwälzverfahren herzustellen. Allerdings muß die Endzähnezahl des Systems auf eine endliche begrenzt bleiben.

Die letztgenannte Einschränkung ist nicht erforderlich für Systeme, wo die Zahnhöhe über dem Grundkreis in linearer Beziehung zur Zähnezahl steht. In diesem Fall bildet die Anfangszähnezahl $z_a = 6$ die untere Begrenzung der Zähnezahl sowohl für Systeme mit unveränderlichem wie auch veränderlichem Eingriffswinkel.

Ferner ist aus den vorstehenden Untersuchungen zu ersehen, daß die Satzrädersysteme mit kleiner Anfangszähnezahl einen verhältnismäßig hohen Eingriffswinkel haben, wenn dieser im System unveränderlich bleiben soll, und dementsprechend, auf das ganze System bezogen, keine günstigen Reibungsverhältnisse aufweisen können[1].

Die Satzrädersysteme mit veränderlichem Eingriffswinkel haben dagegen nur bei Verzahnungen mit sehr kleiner Zähnezahlensumme diesen Nachteil. Von allen Evolventen-Satzrädersystemen passen sich solche mit einer linearen Abhängigkeit der Zahnhöhe von der Zähnezahl und mit veränderlichen Eingriffswinkeln, abhängig von der Zähnezahlensumme der zusammenarbeitenden Räder, am besten den Anforderungen der Verzahnungstechnik an.

---

[1] Hartmann, W.: Die Maschinengetriebe, 1913. S. 243.

Ergebnis.

Bei der Untersuchung von Evolventen-Satzrädersystemen ist es zweckmäßig, von dem Verlauf der von dem Grundkreis aus gemessenen Zahnhöhen der Satzräder auszugehen.

Bisher sind nur Systeme, wo die Zahnhöhe jedes Satzrades unveränderlich ist (Grundkreisverzahnungen), und solche, wo die Zahnhöhe jedes Satzrades von der Zähnezahl linear abhängig ist (Teilkreisverzahnungen), in der Getriebepraxis in größerm Maße verwendet worden.

Die praktische Brauchbarkeit beider Systemarten hängt davon ab, inwieweit mindestens die vorstehend näher untersuchten Grundbedingungen für das einwandfreie Zusammenarbeiten der Verzahnungen erfüllt und die durch die Eigenschaften der Evolventenflanken bedingten Grenzabmessungen eingehalten sind.

Infolgedessen läßt sich das Gebiet der Verzahnungen, wo geeignete Satzrädersysteme zu finden sind, umschreiben.

Die Art der Herstellung der Zähne hat noch weitere Einschränkungen der so gefundenen Systeme zur Folge.

Auf Grund dieser Überlegungen wird ein Verfahren angegeben und auf die im Abwälzverfahren mit dem Schneidstahl herstellbaren Satzräder beispielmäßig angewandt, wonach sämtliche für eine bestimmte Anfangszähnezahl und Zahnhöhe möglichen Satzrädersysteme ermittelt werden können.

Die kleinste Zahl der Zähne eines Satzrades, von dem Satzrädersysteme mit unveränderlicher Zahnhöhe abgeleitet werden können, ist 5; und für Systeme mit linear veränderlicher Zahnhöhe: 6.

Die Schneidstahlwinkel, mit denen Satzrädersysteme mit Anfangszähnezahlen bis zu 10 herstellbar sind, bewegen sich für die erstgenannten Systeme zwischen 16^0 und 6^0, und für die letztgenannten Systeme zwischen 34^0 und 10^0. Im letzten Fall gehören die größern Schneidstahlwinkel zu Systemen mit unveränderlichen Eingriffswinkeln.

Von den untersuchten Satzrädersystemen werden solche mit linear veränderlicher und von der Zähnezahl abhängiger Zahnhöhe und mit veränderlichen Eingriffswinkeln den Anforderungen der Praxis weitgehend gerecht.

Durch das vorstehend abgeleitete Verfahren zur Ermittlung von Satzrädersystemen lassen sich alle diejenigen Systeme finden, bei denen zwischen der Zähnezahl und der Zahndicke der Satzräder eine lineare Beziehung besteht.

Benutzte Schriften.

Reuleaux, F.: Der Konstrukteur, Abschnitt: Zahnräder, 4. Aufl., S. 514ff. Braunschweig: Vieweg & Sohn 1894.

Stribeck, R.: Die Abnutzung der Zahnräder und ihre Folgen. Z. d. V. d. I. 1894, S. 169ff.

Goebel, J.: Die Reibung der Zahnräder. Z. d. V. d. I. 1896, S. 459ff.

Büchner, K.: Beitrag zur Kenntnis der Abnutzungs- und Reibungsverhältnisse der Stirnzahnräder. Z. d. V. d. I. 1902, S. 159ff.

Kammerer, O.: Technische Mittel für akademische Vorlesungen im Maschinenbau. Z. d. V. d. I. 1903, S. 854ff.

Braun, G.: Über Zahnformen. Verk. Woche 1906, S. 233ff.

Hoppe, P.: Satzräder mit Evolventenverzahnung. Verhdlgn d. Ver. z. Bef. d. Gewfl. 1909, S. 245 ff.

Plessing, R.: Ausführung von Evolventenverzahnungen mit beliebigem Eingriffswinkel auf Maschinen, die nach dem Wälzverfahren arbeiten. Z. d. V. d. I. 1910, S. 1682ff.

Schneider, R.: Die Erzeugung der Stirnräder-Evolventen nach dem Wälzverfahren. Heilbronn: Baier & Schneider 1911.

Hartmann, W.: Die Maschinengetriebe, Abschnitt: Verzahnungen. S. 215ff. Stuttgart: Deutsche Verlagsanstalt 1913.

Toussaint, E.: Neuzeitliche Betriebsführung und Werkzeugmaschine in ihrer Wechselbeziehung. Werkz.-Masch. 1916, S. 71ff.

Toussaint, E.: Unterschnitt, Eingriffsdauer, Gleitgeschwindigkeit. Werkz.-Masch. 1916, S. 423ff.

Schmidt, K.: Der Einfluß der Korrektion von Zahnrädern auf Zahnstärke und Achsenabstand. Werkst.-Techn. 1919, S. 81ff.

Fölmer, M.: Ein neues Rechenverfahren für Evolventen-Stirnrädergetriebe. Betrieb 1919, S. 265ff.

Gardner, R.: Involute Teeth. Engg. 1920, S. 659ff.

Cox, A. B.: Interference of Involute Spur-gear Teeth. Am. Mach. (Europ. Ed.) 1920, S. 707ff.

Booth, W. H.: Long Teeth on Gear Wheels. Am. Mach. (Europ. Ed.) 1920, S. 105 E ff.

Logue, Ch. H.: Backlash Standards for Spur Gears. Am. Mach. (Europ. Ed.) 1921, S. 1040ff.

Berck, C. E.: Die Herstellung der Zahnformfräser. Prakt. Masch.-Konstr. 1921.

Cox, A. B.: Derivation of a Formula to determine Number of Teeth in Contact of Two Meshing Gears. Am. Mach. (Europ. Ed.) 1921, S. 899ff.

Schiebel, A.: Zahnräder. 2. Aufl. Berlin: Julius Springer 1923.

Hütte: Des Ingenieurs Taschenbuch, 20. Aufl., S. 682ff. Berlin: Ernst & Sohn 1908.

Mecke, H.: Die A.E.G.-Verzahnung. Werkz.-Masch. 1921.

Einzelkonstruktionen aus dem Maschinenbau. Herausgegeben von Dipl.-Ing. **C. Volk,** Direktor der Beuth-Schule, Privatdozent an der Technischen Hochschule zu Berlin.

Erstes Heft: **Die Zylinder ortsfester Dampfmaschinen.** Von Obering. H. Frey, Berlin. Mit 109 Textfiguren. (45 S.) 1912. RM 3.—

Zweites Heft: **Kolben.** I. Dampfmaschinen- und Gebläsekolben. Von Dipl.-Ing. C. Volk, Direktor der Beuth-Schule, Privatdozent an der Technischen Hochschule zu Berlin. II. Gasmaschinen- und Pumpenkolben. Von A. Eckardt, Deutz. Zweite, verbesserte Auflage, bearbeitet von C. Volk. Mit 252 Textabbildungen. (82 S.) 1923. RM 3.60

Drittes Heft: **Zahnräder.** I. Teil: Stirn- und Kegelräder mit geraden Zähnen. Von Prof. Dr. A. Schiebel, Prag. Zweite, vermehrte Auflage. Mit 132 Textfiguren. (114 S.) 1922. RM 5.50

Viertes Heft: **Die Wälzlager, Kugel- und Rollenlager.** Unter Mitwirkung des Herausgebers bearbeitet von Ingenieur Hans Behr, Berlin (Berechnung, Konstruktion und Herstellung der Wälzlager) und Oberingenieur Max Gohlke, Schweinfurt (Verwendung der Wälzlager). Zugleich zweite Auflage des von W. Ahrens, Winterthur, verfaßten Buches „Die Kugellager und ihre Verwendung im Maschinenbau". Mit 250 Textabbildungen. (131 S.) 1925. RM 7.20

Fünftes Heft: **Zahnräder.** II. Teil: Räder mit schrägen Zähnen (Räder mit Schraubenzähnen und Schneckengetriebe). Von Prof. Dr. A. Schiebel, Prag. Zweite, vermehrte Auflage. Mit 137 Textfiguren. (134 S.) 1923. RM 5.50

Sechstes Heft: **Schubstangen und Kreuzköpfe.** Von Oberingenieur H. Frey, Waidmannslust bei Berlin. Mit 117 Textfiguren. (36 S.) 1913. RM 2.—
Weitere Hefte befinden sich in Vorbereitung.

Die Ermittlung der Kegelrad-Abmessungen. Berechnung und Darstellung der Drehkörper von Präzisions-Kegelrädern und kurzer Abriß der Herstellung. Tabellen aller Abmessungen für die gebräuchlichsten Übersetzungsverhältnisse. Von **Karl Golliasch,** Oberingenieur im Automobilbau. Mit 96 Abbildungen im Text. (61 S.) 1923.
Gebunden RM 15.75

Die Gewinde. Ihre Entwicklung, ihre Messung und ihre Toleranzen. Im Auftrage der Firma Ludw. Loewe & Co. A.-G., Berlin, bearbeitet von Prof. Dr. **G. Berndt,** Dresden. Mit 395 Abbildungen im Text und 287 Tabellen. (673 S.) 1925.
Gebunden RM 36.—

Mehrfach gelagerte, abgesetzte und gekröpfte Kurbelwellen. Anleitung für die statische Berechnung mit durchgeführten Beispielen aus der Praxis. Von Prof. Dr.-Ing. **A. Gessner,** Prag. Mit 52 Textabbildungen. (100 S.) 1926. RM 8.10

Neue Riementheorie nebst Anleitung zum Berechnen von Riemen. Von Prof. **G. Schulze-Pillot,** Danzig. Mit 79 Abbildungen im Text. (98 S.) 1926. RM 9.—

Grundzüge der Schmiertechnik. Gestaltung und Berechnung vollkommen geschmierter Maschinenteile auf Grund der hydrodynamischen Theorie. Praktisches Handbuch für Konstrukteure, Betriebsleiter, Fabrikanten und Studierende des Maschinenbaufaches. Von Oberingenieur **E. Falz.** Mit 84 Textabbildungen, 21 Zahlentafeln und 31 Rechnungsbeispielen. (300 S.) 1926. Gebunden RM 22.50

Getriebelehre. Eine Theorie des Zwanglaufes und der ebenen Mechanismen. Von Prof. **Martin Grübler**, Dresden. Mit 202 Textfiguren. (162 S.) 1917. Unveränderter Neudruck. 1921. RM 4.20

Christmann-Baer, Grundzüge der Kinematik. Zweite, umgearbeitete und vermehrte Auflage. Von Prof. Dr.-Ing. **H. Baer**, Breslau. Mit 164 Textabbildungen. (144 S.) 1923. RM 4.—; gebunden RM 5.50

Franz Reuleaux und seine Kinematik. Von Dipl.-Ing. **Carl Weihe**, Frankfurt a. M. Mit dem Aufsatz „Kultur und Technik" von F. Reuleaux. Mit 4 Abbildungen. (105 S.) 1925. Gebunden RM 3.—

Technische Schwingungslehre. Ein Handbuch für Ingenieure, Physiker und Mathematiker bei der Untersuchung der in der Technik angewendeten periodischen Vorgänge. Von Privatdozent Dipl.-Ing. Dr. **Wilhelm Hort**, Oberingenieur, Berlin. Zweite, völlig umgearbeitete Auflage. Mit 423 Textfiguren. (836 S.) 1922. Gebunden RM 24.—

Tafeln zur harmonischen Analyse periodischer Kurven. Von Dr.-Ing. **L. Zipperer**. Mit 6 Zahlentafeln, 9 Abbildungen und 23 graphischen Berechnungstafeln. (16 S.) 1922. In Mappe. Gebunden RM 4.20
Einzelne Grundtafeln je 10 Stück RM 0.50

Grundzüge der technischen Schwingungslehre. Von Prof. Dr.-Ing. **Otto Föppl**, Braunschweig. Mit 106 Abbildungen im Text. (157 S.) 1923. RM 4.—; gebunden RM 4.80

Die Berechnung der Drehschwingungen und ihre Anwendung im Maschinenbau. Von **Heinrich Holzer**, Oberingenieur der Maschinenfabrik Augsburg-Nürnberg. Mit vielen praktischen Beispielen und 48 Textfiguren. (204 S.) 1921. RM 8.—; gebunden RM 9.—

Drehschwingungen in Kolbenmaschinenanlagen und das Gesetz ihres Ausgleichs. Von Dr.-Ing. **Hans Wydler**, Kiel. Mit einem Nachwort: Betrachtungen über die Eigenschwingungen reibungsfreier Systeme von Prof. Dr.-Ing. Guido Zerkowitz, München. Mit 46 Textfiguren. (106 S.) 1922. RM 6.—

Der Regelvorgang bei Kraftmaschinen auf Grund von Versuchen an Exzenterreglern. Von Prof. Dr.-Ing. **A. Watzinger**, Trondhjem und Dipl.-Ing. **Leif J. Hanssen**, Trondhjem. Mit 82 Abbildungen. (92 S.) 1923. RM 7.—